你好，地球

从太空俯瞰地球之美

〔俄〕谢尔盖·梁赞斯基 著　　孟国华 译

天津出版传媒集团

天津科学技术出版社

U0320323

著作权合同登记号：图字 02-2019-248

Ryazanskiy S. N., text, illustrations, 2017
Djanibekov V. A., introduction, 2017
Design OOO "Izdatelstvo Eksmo", 2017
The simplified Chinese translation rights arranged through Rightol Media
（本书中文简体版权经由锐拓传媒取得Email:copyright@rightol.com）

图书在版编目（CIP）数据

你好，地球 ：从太空俯瞰地球之美 ／（俄罗斯）谢
尔盖•梁赞斯基著 ； 孟国华译． -- 天津 ： 天津科学技
术出版社， 2019.8

　ISBN 978-7-5576-7038-2

　Ⅰ．①你… Ⅱ．①谢… ②孟… Ⅲ．①地球—图集
Ⅳ．① P183-64

中国版本图书馆 CIP 数据核字（2019）第 181408 号

你好，地球 ： 从太空俯瞰地球之美
NIHAO, DIQIU : CONG TAIKONG FUKAN DIQIU ZHIMEI

责任编辑：布亚楠

出　　版：天津出版传媒集团
　　　　　天津科学技术出版社

地　　址：天津市西康路 35 号

邮政编码：300051

电　　话：（022）23332695

网　　址：www.tjkjcbs.com.cn

发　　行：新华书店经销

印　　刷：大厂回族自治县德诚印务有限公司

开本 787×1092　1/16　印张 14.5　字数 100 000
2019 年 11 月第 1 版第 1 次印刷
定价：98.00 元

序

　　在我看来，谢尔盖·梁赞斯基撰写的这本宇宙摄影文集意义重大，不仅因为这是对被拍摄对象的专业记录，而且因为每张图片都配有作者独具个性的评论。更难能可贵的是，书中所用的照片是从海量同样令人惊艳的照片中精心筛选出来的，并以一种原始的、非常浪漫的"自然"标准进行分类。

　　的确，舷窗外的地球会给正飞行在太空的人带来各种各样的感受，给他们的心灵带来巨大的震撼。谢尔盖·梁赞斯基看到并捕捉到了我们的地球那令人叹为观止的景色，并把这一切传递给了读者。当太阳喷薄欲出，整个空间都充满了阳光和生命活力的那一瞬间，或者当日落之时，地球上的点点灯光开始与繁星静静交流的那一刻，宇航员究竟有何感受，究竟在想些什么——要表达出来这一切是多么困难啊！

　　谢谢你，谢尔盖！

　　我喜欢你的作品！！

弗拉基米尔·贾尼别科夫[1]

B. Джанибеков

①苏联英雄、宇航员。——译者注

目　录

我邀请你们到太空来

太空并没有那么遥远。假如你的车可以垂直向上行驶的话，到达太空仅仅需要一个小时。

——弗雷德·霍伊尔(英国著名天文学家)

通向太空之路

　　令人难以置信的是，当我还是个孩子的时候，我从来没有想过要成为一名宇航员。虽然看起来我似乎具备所有的条件：我的祖父，米哈伊尔·谢尔盖耶维奇·梁赞斯基，是宇宙火箭技术无线电系统的总设计师，他和谢尔盖·帕夫洛维奇·科罗廖夫②一起参与了第一颗人造卫星的研制与发射，那颗卫星充满了传奇色彩；我的父亲，尼古拉·米哈伊洛维奇·梁赞斯基，是一名物理工程师。总而言之，做一名宇航员的遗传基因我都有，而又有哪一个男孩子不曾梦想当一名宇航员呢，尤其是在20世纪70年代。然而，我在那时选择了另外一条路。

　　感谢我的父母让我和姐姐在大自然的怀抱里疯玩了很长时间：我们经过选拔会定期参加无线电定向运动比赛，爸爸、妈妈也参加这类比赛；全家人一起去远足，这让我们有机会接近周围的世界并欣赏大自然的美妙神奇。那个时候，我觉得再没有什么比这些更美好和更神奇的了，于是就产生了要做一名生物科学家的梦想。结果，我进了生物班，而后又考进了莫斯科大学的生物系，接下来是

②谢尔盖·帕夫洛维奇·科罗廖夫(1906—1966)：苏联火箭制造和宇宙航行方面的科学家和设计师，苏联科学院院士，两次获社会主义劳动英雄称号，获列宁奖。——译者注

攻读研究生学位。毕业后，我在俄罗斯联邦科学院生物医学问题研究所从事科研工作。与此同时，我纯粹是出于好奇，做了兼职太空技术实验员。在许多项科学实验中，我既是研究员，又是实验员。就在那时，我的人生发生了转折，人们建议我和我的同学去参加宇航员的选拔。"为什么不去呢？"当时，我就是这样想的，赌了一把。结果，我幸运地成了唯一通过了所有选拔测试的人。我被宇航员中队录取了，并就此开始了人生的崭新阶段。这个阶段的工作非常有意思，常常有令人难以置信的发现。

我惊奇地发现，宇航员的训练并不像太空飞行那样令人着迷。古希腊哲学家柏拉图曾说过："天文学会激励我们的灵魂去探访更高的地方，并把我们从这个世界带到另外一个世界。"我们研究轨道学、星系和大量工程系统，进行科学实验，练习跳伞、潜水、飞行等。我被这个世界征服了，并真心地爱上了宇宙。当我终于获得"宇宙研究员"的资格时，2003年，一场悲剧发生了——美国"哥伦比亚号"航天飞机机组人员遇难。从那时起，到之后的很长一段时间，美国人占据了"联盟号"宇宙飞船上所有研究人员的位置，而正是"联盟号"飞船把宇航员输送到国际空间站。留给俄罗斯的只有随船工程师和指令长的位置，我没有接受过工程学教育，而担任指令长的人，要么是军官（军用飞机驾驶员），要么是经验非常丰富的民用宇航员。

似乎，上天的路线早就预定好了，如今，我急切地想飞向太空。我的眼里只有目标，没有障碍。结果，我失算了……接受了专门的训练之后，我成为第一名没有接受过工程学教育的随船工程师。我为此花了整整10年的时间。直到2013年，我才进入国际空间站。到了2017年，我成为第一名飞向太空的科学家，身份是"联盟号"宇宙飞船乘员机组指令长。

太空摄影的特点

    "轨道上的生活怎么样？"这是宇航员最常听到的问题。在轨道上的生活就是24×7制，即一周工作7天，每天工作24小时，因为在这里每天的作息时间都是以分钟为单位来安排的，宇航员每时每刻都在忙碌着。这样的答复似乎过于肤浅简单，其实工作本身是非同寻常的：我们要做不计其数的科学实验，让空间站保持良好的运作状态；我们会进入开放的外太空去工作，而为了保持良好的状态返回地球，我们还要进行体能训练。在假日里，主要的工作似乎并不多，但事实上宇航员们总有事要做。总而言之，这完全如实地描述了我们的日常生活：面对许多对人类而言有重大意义的挑战，对抗失重，应对周围发生的险情，以及欣赏令人惊叹的美景。实际上，留给摄影师进行拍照的时间并不算充裕。但不将我们这周围的美景记录下来，那才是不可饶恕的。空间站以28 000千米的时速沿轨道飞行，更直观地来说，人一眨眼的工夫，空间站就飞过400千米，或者说，空间站飞行的速度比飓风的速度快220倍！所以，我一有空闲时间，就会向舷窗外望一望，一旦发现有什么吸引人的景色，就要在一瞬间抓起相机，对准目标，按下快门。哪怕只是拖延5～10秒，一切就迟了。所以，很多照片都是偶然抓拍到的，也就是说是不可重拍的，这使得这些照片显得极其珍贵。有的时候，你已经计划好拍摄某一个具体的对象，所有的参数也都计算完毕，并且还定好了闹钟，半夜爬起来，就是为了不错过在某一个极其有意义的地点上空飞行的时刻。但是，实现这个计划必须满足许多因素，包括不为人的意志所决定的因素，比如说云况。一般来说，我们的星球应该被称作"云"。因为，在那密实的白色幕布背后隐藏着一些独特而有趣的东西。飞行轨道也会带来某些限制，这就是为什么一些令人非常好奇的景物根本无法拍摄。空间站的飞行倾角为51.6°，读者会原谅我提到的技术上的细微差别，在这样的条件下，我只能捕捉北纬（或南纬）55°范围内的景物。超出此界限的一切景物只能在非常高的放大倍率下才能看到，而且只有绝对的"侧面像"。

从艺术角度来看，太空摄影最大的问题是无法保证所有照片的三维效果。

我非常希望照片能够传达出我所见到的景物给我带来的全部感受和印象，而不是像一幅绘画作品。但是，我们的眼睛在照片上所能够看到的线条和独特的轮廓可能并不那么明显。因此，我经常尝试从侧窗拍摄，这样会产生预期的效果，但也总会引起读者的质疑："这不会是从飞机上拍摄的吧？"万幸的是，三维效果并不是灵丹妙药。只要有惊人的自然景观，三维效果就根本不是必要的。例如，南美洲的河流在照片上都是平坦的，正因为如此，河道才有可能显现出来，而河道的变化令人惊讶。又比如纳斯卡高原的轮廓，从太空上根本无法分辨。

从太空看地球

我在轨道上拍摄了很多照片。一昼夜之内，我们会遇到16次日落和16次黎明，几乎能"访问"所有的大陆和所有的国家。在2小时内我们可以看到太阳和极光、白雪皑皑的山峰和青葱翠绿的大地。我能根据轮廓辨认崇山峻岭、河流湖泊、戈壁荒漠。根据地面的颜色，我能知道我们正从哪个国家的国土上空飞过，我不会混淆大洋洲或者非洲沙地的颜色。总而言之，地球上有很多美妙的地方，当从太空看地球时，我就以为，这些地方都是地球所固有的……其实这是因为，从地球上根本不可能看到它们。各种各样的景物——高山、河流、岛屿、沙滩或冰川在这里摇身一变，仿佛获得了一种虚幻之美。

我在讲述宇航员培训的复杂性时，在介绍太空飞行和在国际空间站的工作时，我明白，我在太空，也就是空间站感受到的这一切，并不能用语言悉数表达出来，就像怎么可能向一个从来没有吃过糖果的人解释清楚，什么是"甜品"？！这只能靠亲身尝试才行。太空概莫能外。这是一种绝对的美，不存在衡量标准。没有亲眼见过的人，就不可能意识到和通晓这种美。

在为此书挑选照片时，我非常想将我们这个令人叹为观止的星球的不同自然现象都展现出来。我真的很想和大家分享以地球之外的视角所欣赏到的地球之美，而这种美是不可能用言语传达的，是它一次又一次地召唤我们向往飞翔。这种美是很多人永远无法亲自从舷窗欣赏到的，不过，此时此刻，你可以借助我的双眼在这里一饱眼福。

康斯坦丁·齐奥尔科夫斯基③曾经说过："火箭对于我来说，只是一种方法，一种深入宇宙腹地的方法，但绝对不是目的……将来会有进入太空的其他方法，我也会接受它。一切的实质就是从地球迁居，在宇宙安家落户。"我希望这本书会成为你们的宇宙飞船，成为帮助你们飞往星际的一种方法。我邀请你们到太空来……

最后，作为结语，我想感谢：

我的姐姐，纳捷日达·梁赞斯卡娅。感谢她为我这本书的撰写提供了巨大的帮助。

俄罗斯航天国家集团公司。没有该公司，我根本没有机会从此高度鸟瞰我们的星球。

我的同事们。我和他们一起在太空翱翔过。我们是一个出色的团队，感谢他们所做的科学工作和对太空摄影提出的具体建议。

我的妻子和孩子们。感谢他们给予我的支持和对我创作的激励。

③康斯坦丁·齐奥尔科夫斯基（1857—1935）是现代宇宙航行学的奠基人，被誉为"航天之父"。

——译者注

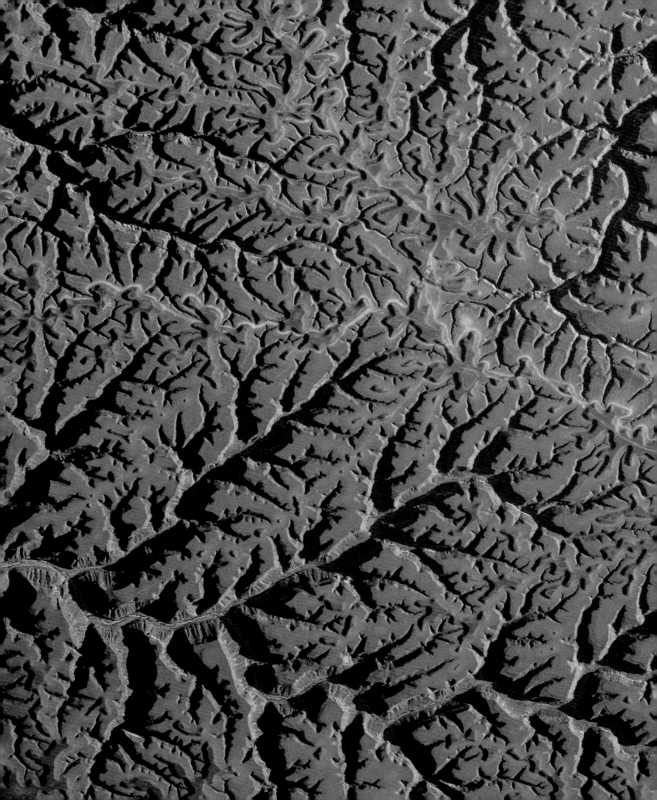

元素：

土

堪察加半岛

（俄罗斯）

俄罗斯火山区有着震撼人心的美丽，也是俄罗斯宇航员最喜欢的摄影对象之一。图中是俄罗斯克柳切夫火山群中最大的火山。虽然常常有火山灰从克柳切夫火山口喷出，但是，这座火山出奇地平静。除此之外，在照片左侧，我们还可以看到乌什科夫火山和克列斯托夫火山、中部火山、卡缅死火山以及无名火山（右下角）。

无名火山是一座年轻而活跃的层状火山。与它那些火山兄弟高大的身躯相比，它似乎毫不起眼，因栖身在卡缅死火山的脚下，所以它被人们认为是座死火山。然而，正如一些科学家预测的那样，1955年无名火山突然醒来，并以耀眼的方式展现了它的风采。

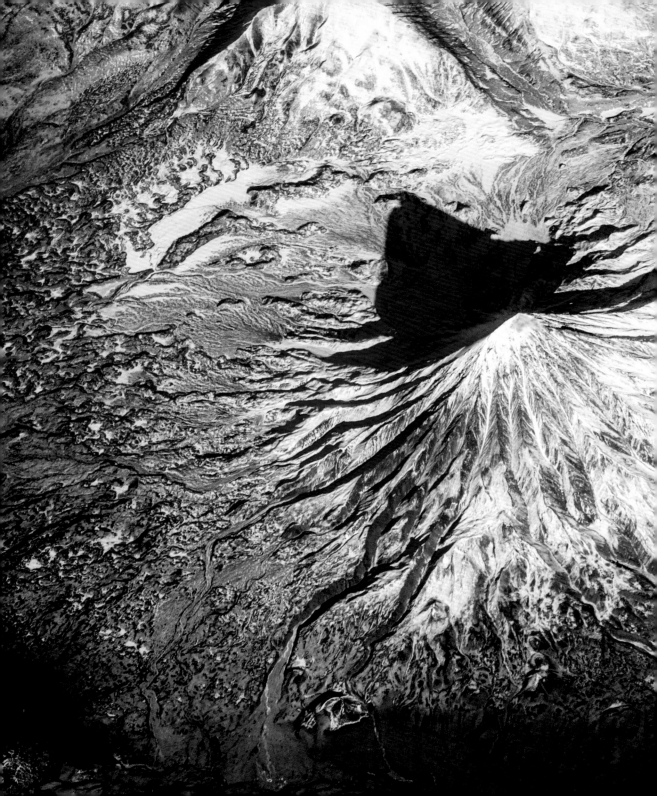

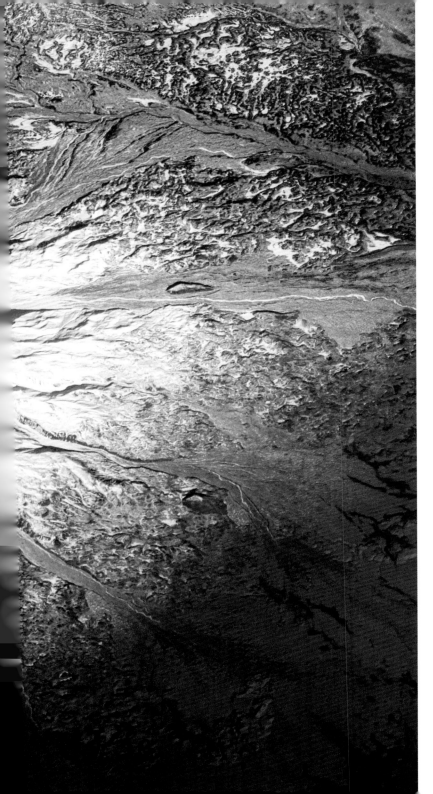

克罗诺基火山

（堪察加半岛，俄罗斯）

克罗诺基山或称克罗诺基火山，是位于堪察加半岛东海岸的一座活跃的层状火山。

克罗诺基湖位于克罗诺基山西部的斜坡上，不远处就是间歇泉谷。

克罗诺基山的山脚一带被雪松和石桦覆盖，山顶被冰川和雪原覆盖，是堪察加半岛最美丽的火山之一。

乌尤尼盐沼

（玻利维亚，南美洲）

　　乌尤尼盐沼是地球上最大的盐沼，是位于玻利维亚（南美洲）阿尔蒂普拉诺高原南部的一个干涸盐湖。其面积超过10 000平方千米，湖面被厚达几米的盐层所覆盖。

　　每当下雨的时候，湖面会覆上一层薄薄的水，变成地球上最大的天然镜子。

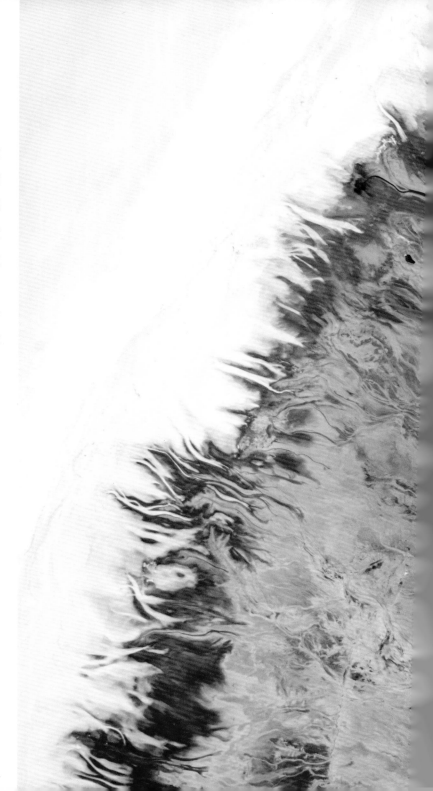

田野

（阿根廷，南美洲）

　　有一次，我们沿轨道在南美洲上空飞行，计划拍摄特大型城市布宜诺斯艾利斯和里约热内卢。舷窗外，阿根廷的小城镇和具有奇异几何形状的田野一闪而过。突然间，不同寻常的事物闪现在我眼前！我刚按了两三下相机快门，拍摄对象就无影无踪了，因为国际空间站正以非常快的速度飞行。后来，我们才弄清楚，那是一片按照吉他造型栽种的树林。阿根廷的一位农场主为了缅怀早逝的妻子格拉谢拉，特意在自己家的田野里创作出了这样一幅"画作"，其长度超过1000米。琴弦是用桉树"画"成的，指板和面板则是用柏树"画"出来的。总共用了7 000多棵树。

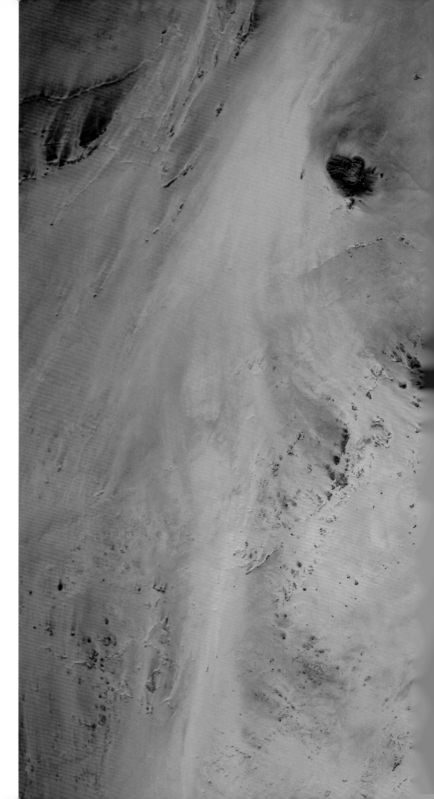

北非

　　阿尔肯陨石坑的直径分别为10 300米和6 800米，被归类为双重撞击形成的陨石坑。有关它们起源的说法有两个版本。版本之一：它们是由两个直径约500米的陨石坠落到地球上造成的。版本之二：它们是因火山喷发和侵蚀而形成的。这两个陨石坑的不同寻常之处在于它们的同心环山体结构保留完好。从空中看，陨石坑并没有破坏星球的美丽，但如果你对照一下地图就会明白，两个陨石坑处于非洲三个大国的领土版图内：利比亚、埃及和苏丹。

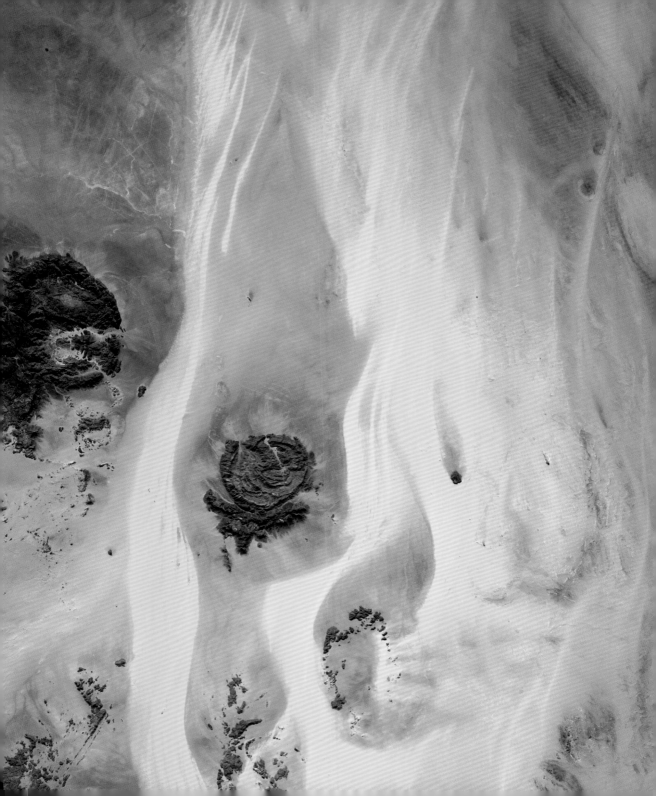

阿拉伯半岛

（亚洲）

　　阿拉伯半岛是地球上最大的半岛，位于亚洲西南部。它几乎完全被沙漠覆盖，只有西南部的山区有尚未干涸的河流。鲁卜哈利沙漠，地球上最大的沙漠之一，占据了半岛南部1/3的面积。鲁卜哈利沙漠位于沙特阿拉伯、阿曼、阿拉伯联合酋长国和也门境内。

沙特阿拉伯

（亚洲）

　　沙特阿拉伯是阿拉伯半岛上最大的国家，常常被称作"两圣地之国"，因为麦加和麦地那都在这里，它们是伊斯兰教的两座圣城。

　　沙特阿拉伯气候极度炎热干燥。从太空中看，当地的农民在沙漠中人工开垦的田野里种植了多种农作物，不仅用于满足自己的需求，而且还出口国外——这令人感到惊讶不已。这里曾种植过小麦、大麦、西红柿、西瓜、枣和柑橘。但最近这些年，随着石油开采业的发展，该国居民放弃了在自己的土地上种植粮食作物，转向进口粮食。也许这就是撂荒和半撂荒田地越来越常见的原因。

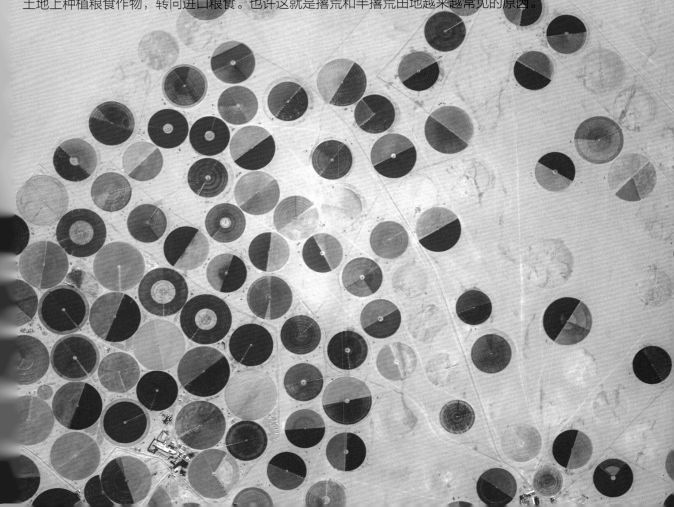

四川省

（中国）

　　四川省位于中国的西南部地区。从太空中看四川，吸睛的总是那白茫茫的崇山峻岭，其清秀优雅程度，就像中国古代绘画大师创作的水墨画。

　　成都市是四川省省会，其历史可以追溯到公元前3世纪。2001年，在城市建设施工时，当地挖掘出很多金、青铜、象牙工艺品和玉器，包括著名的太阳神鸟金饰。

卜哈里

（也门，亚洲）

有一个名叫卜哈里的渔村，位于阿拉伯海海岸。渔村名称是从阿拉伯语翻译过来的，意为"阿里的水井"。它隶属也门的舍卜沃省。

在古代，有一条商队路线经过这里，运载阿曼神香的商队走的就是这条路线。

今天，它依然是一个小小的村落（只有约3 000名居民），却拥有一个硕大的荒凉海滩，环绕海滩的是黑黢黢的火山丘。

理查特结构

（毛里塔尼亚，非洲）

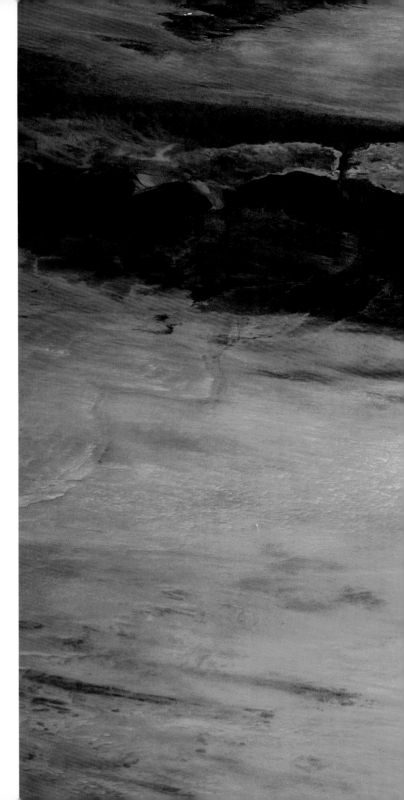

理查特结构，或称撒哈拉之眼，位于撒哈拉沙漠的毛里塔尼亚境内。

其最古老的同心圆历史已经超过5亿年，外圈的直径约为50千米。由于部分地方长满了矮小的植被，所以同心圆呈现出绿色的样貌。

非洲这只引人注目的"眼睛"是空中首批定位目标之一。在学习从太空中给地球物体定位的初期课程中，宇航新人会学习如何辨认这些定位目标。

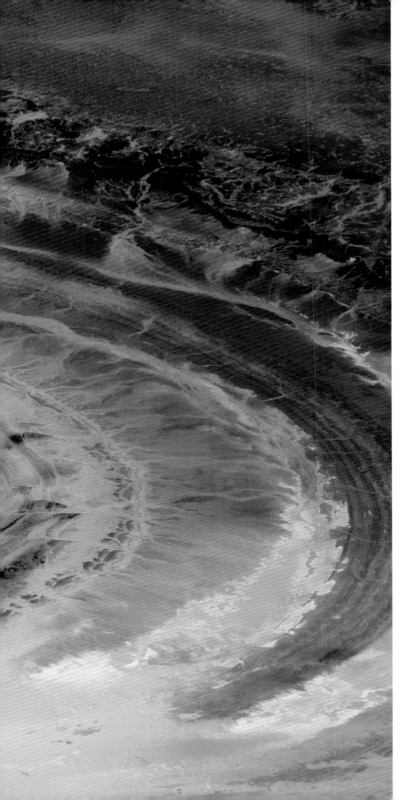

理查特结构

（毛里塔尼亚，非洲）

直到目前，人们对撒哈拉之眼的起源尚未达成共识。有人认为它是一个受到撞击的火山口，但这个假设与其平坦的底部和缺少带有撞击痕迹的岩石相矛盾。

由于没有火山喷发生成的岩石圆顶，火山起源的假设被推翻了。这种沉积岩结构可能是地壳部分地段在上升过程中受到侵蚀的结果。

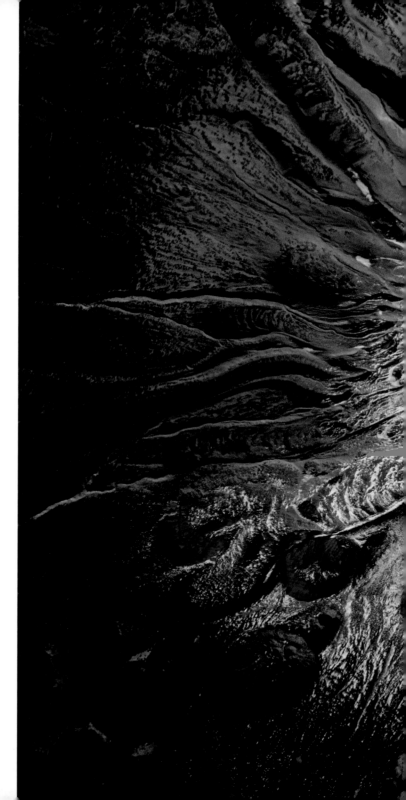

沙斯塔山

（加利福尼亚州，美国）

　　沙斯塔山巍峨挺拔，宛如一条从地下钻出来的猛龙。它是位于美国加利福尼亚州喀斯喀特山脉中的一座层状火山。

　　有这样一种说法，沙斯塔山的名称借用了俄语单词"幸福"的读音。

　　当地印第安人认为此山是与众不同的圣山，会给人以力量和健康。许多宗教信仰和传说都与之有关。

　　沙斯塔山是所谓的休眠火山，它迟早会喷发，这是不可避免的。

西藏

（亚洲）

　　圣地西藏是地球上最具吸引力和最神秘的地方之一。西藏位于平均海拔为4 000米的高原上。右侧是咸水湖色林措的照片。长期以来，西藏都不曾对外国人开放。直到1984年，游客才被允许参观这个独特的地域。

拉宁火山和克特鲁皮良火山

拉宁火山位于阿根廷和智利边界。据专家介绍，这座火山最后一次喷发至少发生在10 000年前。它被绘制在阿根廷内乌肯省的省徽和省旗上，甚至省歌中也提到了它。

坐落在其后方的是另一座火山，即位于智利比亚里卡国家公园内的克特鲁皮良火山。

比亚里卡火山

（智利，南美洲）

    比亚里卡火山（智利）被面积大约为40平方千米的冰川覆盖。这是一座活火山，最近一次喷发发生在2015年3月。这里的照片是在那之前拍摄的。火山口直径达40米。2010年，火山活动频繁，形成了熔岩湖，但熔岩流并没有向外流出。后来，熔岩开始凝固，形成了火山弹——被喷射到空中并在大气中凝固的熔岩碎块或碎片。

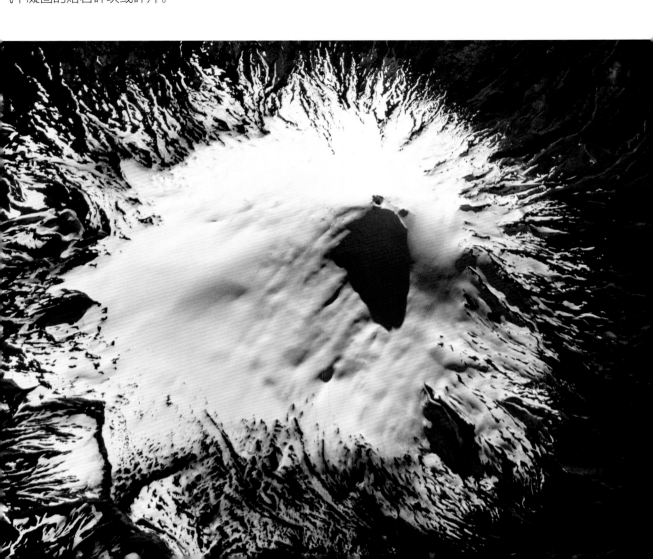

西澳大利亚州

　　西澳大利亚州，或称野花之州，主要位于伊尔岗和皮尔巴拉的古老台地上，地表古老且受到了强烈的侵蚀。

　　看照片很难相信它是野花之州。该州之所以获得此非官方名称，是因为这里生长的野花种类很多——超过12 000种，堪称世界之最。每到春天，就会有游客专程来此欣赏这种美景。

撒哈拉沙漠

（非洲）

　　撒哈拉沙漠是地球上最大的干热沙漠，面积约960万平方千米，而且其面积每年都在扩大。唯一流经撒哈拉沙漠的河流是位于沙漠东缘的尼罗河。

　　"撒哈拉"是由阿拉伯语音译过来的，它在阿拉伯语中意为"大荒漠"。

　　令人惊讶的是，如此干旱的撒哈拉沙漠，地下深处却有大量的淡水，可用于灌溉。

圣安唐岛

（佛得角群岛，大西洋）

　　佛得角群岛位于塞内加尔西部的大西洋上，在15世纪中叶由葡萄牙人发现。该群岛包括18座岛屿，其中圣安唐岛（照片所示）是第二大岛。该岛以山地为主，有很多火山口。由于海岸遍布岩石、天然港口数量极少，因此通行相当困难。由于这些岛屿靠近撒哈拉沙漠，部分地区气候干燥，且从当年10月至次年6月，因此常有裹挟着细沙和微尘的东部干燥热风从沙漠方向吹过来。

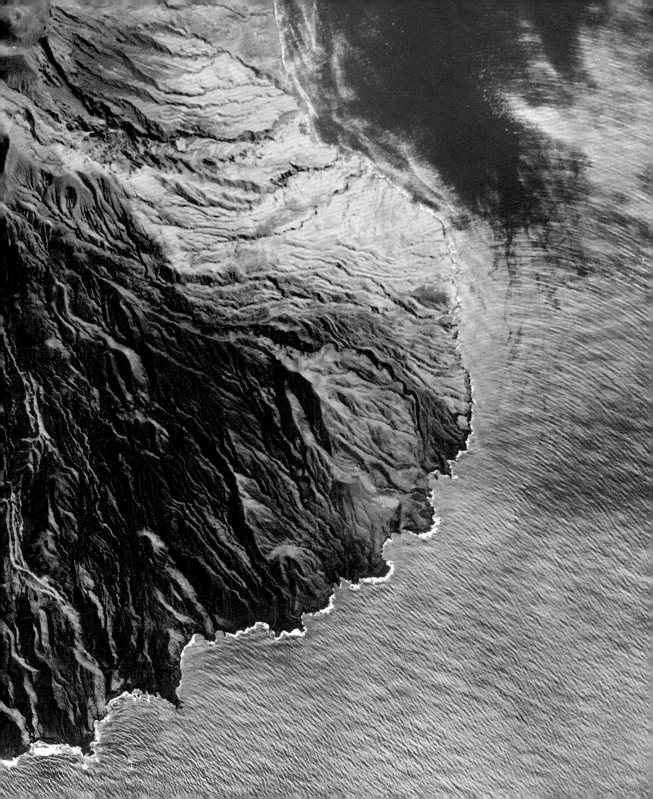

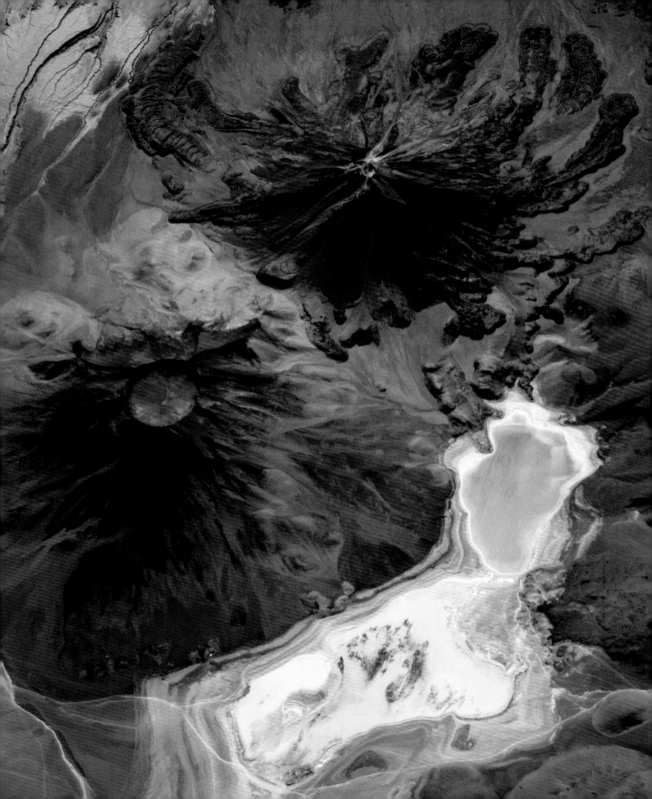

阿尔蒂普拉诺高原

（南美洲）

　　在安第斯山脉有着世界上最干旱的沙漠——阿塔卡马沙漠。在该沙漠以东有许多火山。利坎卡武尔火山留有熔岩蔓延的痕迹，是当地印第安人的圣山，旁边是胡里克斯火山。在它们的脚下，海拔4 300米处是翡翠般的绿湖④，还有干涸和盐化变白了的拉古纳布兰卡湖。当从空中欣赏这一切时，我们不会想到，照片上的它们是智利和玻利维亚两国的分界线。这两个国家冲突不断。边界线沿着火山直线延伸，火山口位于智利境内。

④湖水中含有高浓度的砷所形成的自然现象，颜色会随着日照和风吹而变化。——译者注

堪萨斯州

（美国）

　　这些包括了灰色全部色调、近乎完美的大圆圈是位于美国中部被冰雪覆盖的田野。谁会想到，一个农场主家的倒霉儿子，一个总爱捣鼓稀奇古怪的东西并且为此常被邻居们嘲笑的人，竟然能够改变地球的面貌。1952年，这位名叫弗兰克·齐巴赫的瑞士籍美国人，在经历了无数次失败后，终于获得了他的第一项专利——自转式喷灌装置。渐渐地，美国大平原上大面积的田地被这样的圆圈所覆盖。如今，此项专利被世界上许多国家采用，你们也可以在本书中看到。

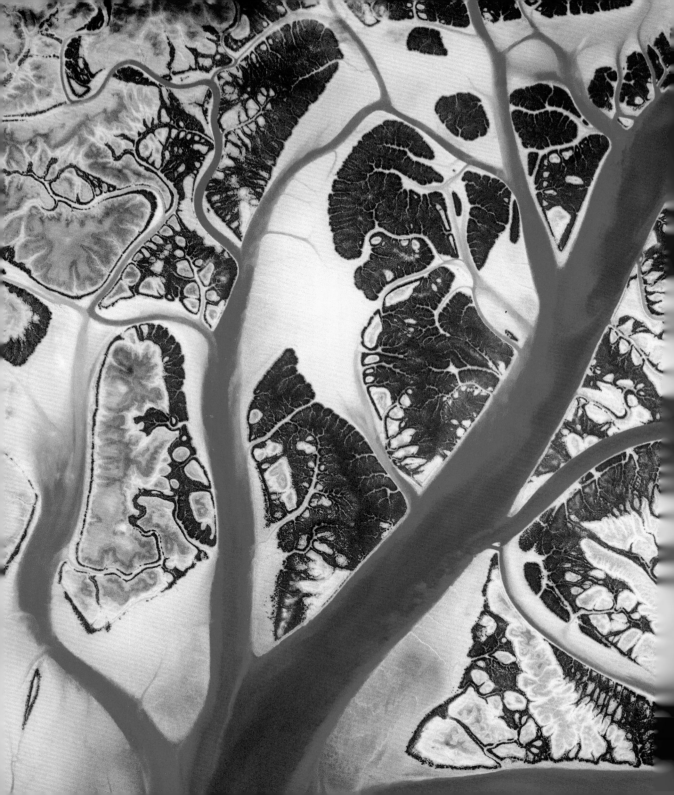

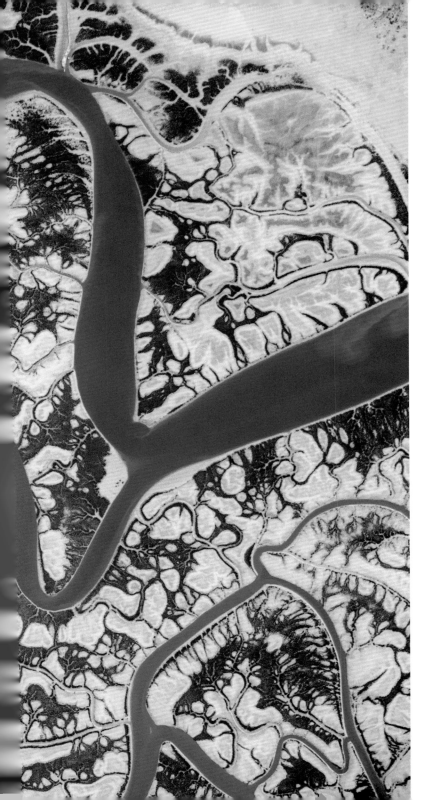

格什姆岛

（伊朗，亚洲）

格什姆岛位于霍尔木兹海峡，该海峡是波斯湾和阿曼湾的连接通道。在格什姆岛的西北部，海峡潮汐通道如蓝色丝带般优雅蜿蜒。海岸边是一片树林，当地人把它称为红树林。这种植物在微咸的海水中悄然生长，但绝不会生长在背光处。1972年，这里建立了一个生物圈保护区，以保护这种自然之美。如今，这里已成为许多生物的栖息地。

奇瓦瓦州

（墨西哥，北美洲）

　　这些棕黄色调的田野酷似法国画家保罗·塞尚创作的风景画。然而，这里是另一个大陆——北美洲，是墨西哥奇瓦瓦州的耕地。

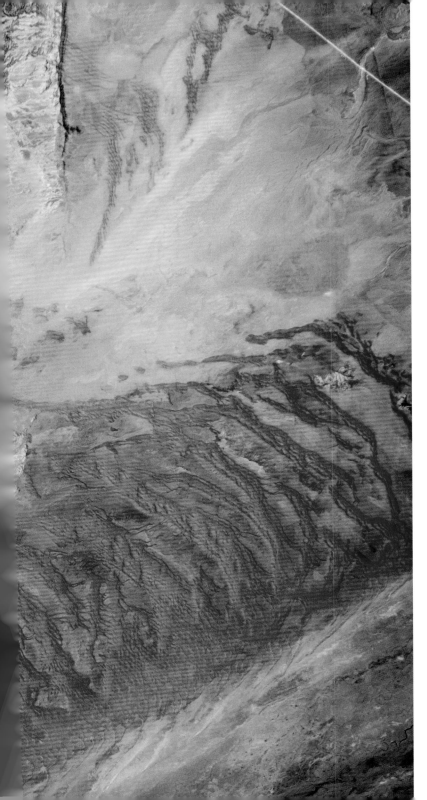

库内内河峡谷和纳米布沙漠

（纳米比亚，非洲）

在干旱的季节，库内内河峡谷内河水干涸，淤积了很多沙子。在部分河水被用于城市供水之后，雨季落下的雨水更是无法冲刷出一条水路流向海洋。峡谷周围是地球上最古老的沙漠——纳米布沙漠。沙漠上有的沙丘像是奇妙的砖红色波浪，有的沙丘的高度超过300米。

霍诺卡尔山

（阿根廷，南美洲）

　　这座山宛如神龙盘卧在一起。位于阿根廷西北部的霍诺卡尔山和乌马瓦卡谷向人们展现了梦幻般的美景。不论是站在地球上观看，还是从太空中俯瞰，其山坡颜色的多样性都令人震惊。

　　早在远古时期，乌马瓦卡谷中就有人居住。中世纪的时候，有一条印加人的商队路线经过此处。印加帝国是当时最大的帝国。

　　此山与七色山不同。七色山的名称是从西班牙语翻译过来的，它位于此山不远处。当地居民认为霍诺卡尔山的石灰岩山坡有14种颜色。你能数出多少种呢？

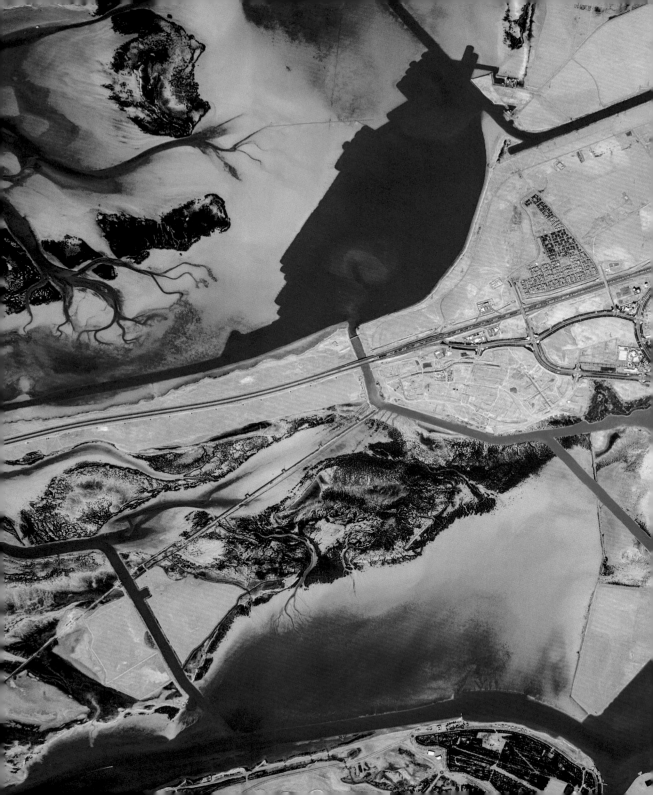

"法拉利世界"主题公园

（阿联酋阿布扎比，亚洲）

阿布扎比是阿拉伯联合酋长国的首都。其市中心位于波斯湾的同名岛屿上，该岛通过三座桥梁与大陆相连。红屋顶，也就是"法拉利世界"，位于亚斯岛的法拉利主题公园内。法拉利主题公园是世界上最大的室内主题公园，其占地面积约为86 000平方米。

公园内有许多与法拉利品牌相关的互动娱乐，还有世界上速度最快的过山车（速度可以达到240千米/小时）。我们可以看到，在鲜红的屋顶上，有着世界上最大的"法拉利"标识。

朱美拉棕榈岛

（阿联酋迪拜，亚洲）

迪拜是阿拉伯联合酋长国最大的城市。其现代景观比比皆是，如摩天大楼、塔楼、喷泉。

著名的人工群岛——朱美拉棕榈岛位于迪拜这座城市的水域之中。环绕该岛的是11千米长的防波堤。众多的酒店、别墅和商店点缀着棕榈树的16片"叶子"。

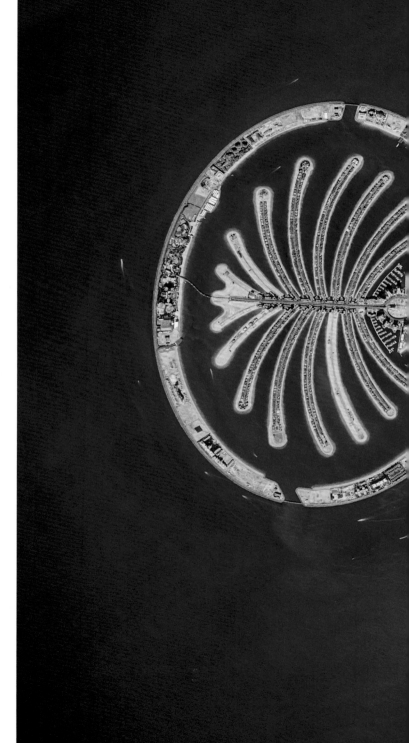

近东

　　从轨道上空，我们看不到将人们隔离开来的国家分界线。埃及、以色列、约旦、沙特阿拉伯——这些领土自古以来就有人居住，是人类文明的摇篮，也是过去和现在大小冲突不断发生的地方。然而，自然界一直按照自己的规律存在着，对人类的相互倾轧毫不理睬。

科罗拉多大峡谷

（美国）

　　科罗拉多大峡谷位于美国亚利桑那州北部的大峡谷国家公园内，由科罗拉多河的河水侵蚀而成。峡谷长446千米，深度接近2 000米，是世界上著名的峡谷之一，毫无疑问，它也是我们所在的这颗星球上令人印象深刻的奇迹之一。

　　关于峡谷的起源，当地的印第安人有几个说法，但所有传说都表明，在峡谷形成前曾爆发过洪水。瓦拉派部落的说法是，一位力大无比的英雄挺身而出，他劈开了地面，洪水流进地缝消失了，于是，大峡谷出现了。

拜科努尔航天发射场

（哈萨克斯坦）

　　拜科努尔发射中心由拜科努尔市和同名的航天发射场组成。发射场的位置是由总设计师谢尔盖·帕夫洛维奇·科罗廖夫和米哈伊尔·谢尔盖耶维奇·梁赞斯基于1954年年底选定的，位于沙漠地带，在丘拉塔姆附近。

　　该发射场位于哈萨克斯坦境内，由俄罗斯租赁，租期至2050年。早在1957年，世界上第一颗人造地球卫星就是从这里发射的。在1961年，尤里·加加林也是从这里飞入太空的。就空间发射数量而言，拜科努尔航天发射场至今依然是世界领军发射场之一。

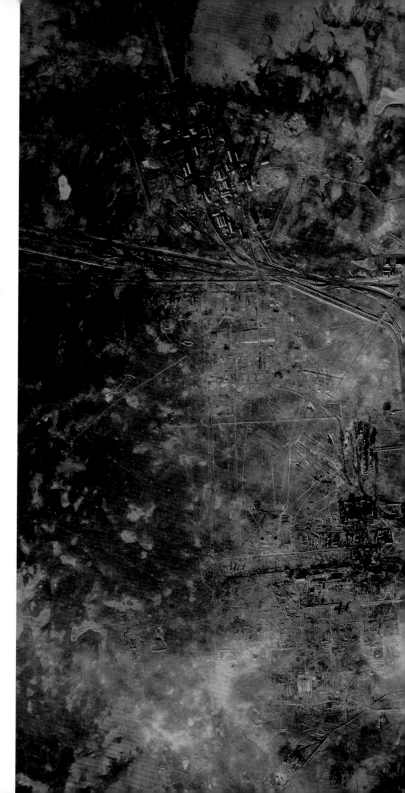

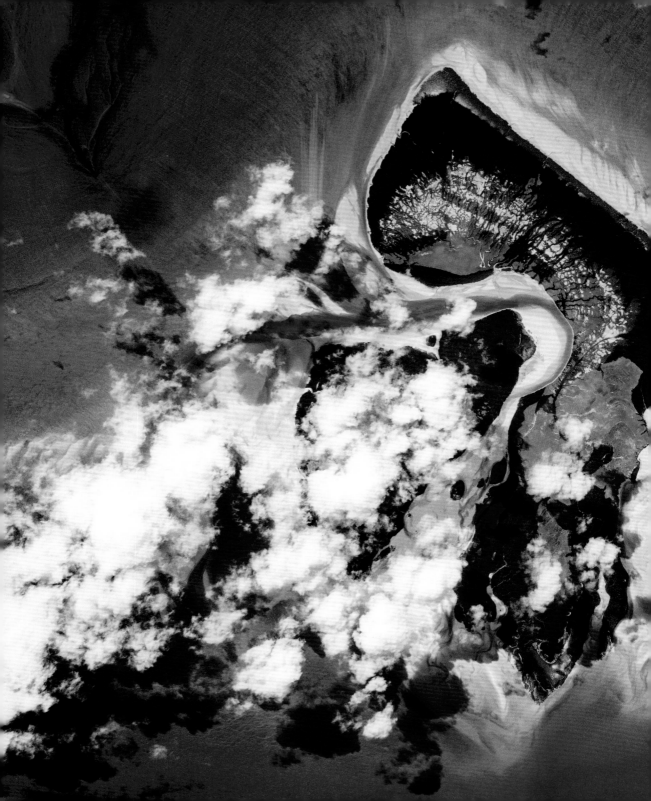

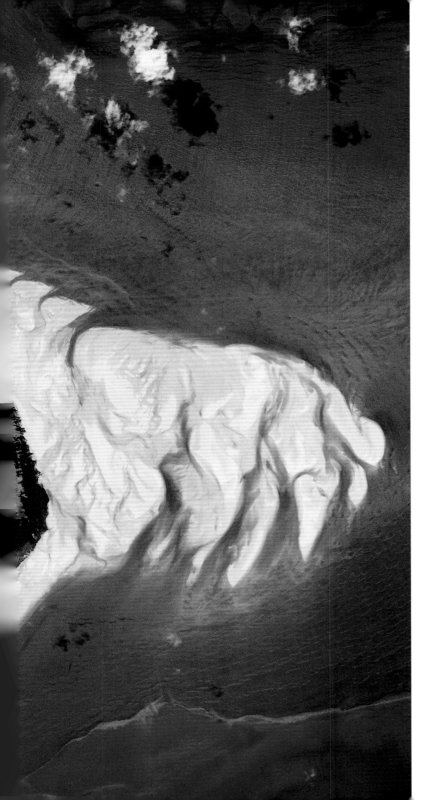

蒙哥马利群岛

（澳大利亚）

这些岛屿由沙子和红树林组成。尽管红树林的面积不是很大，但是它对我们这颗星球上的生命而言，至关重要。然而，多年来，人们为了获取木材，为了满足城市建设、农业生产、水产养殖等各种活动而过度砍伐红树林。幸运的是，当前，乱砍滥伐现象已经得到遏制，而且人们开始采取补救措施——大面积种植红树林。

大理石峡谷

　　大理石峡谷，该名称是由英语翻译过来的，是科罗拉多河流经的一个峡谷，也是大峡谷的起点。像亚利桑那州的许多自然景观一样，它的名字是由美国地理学家和旅行家约翰·韦斯利·鲍威尔命名的。鲍威尔研究和考察了科罗拉多河并收集了许多关于当地印第安部落生活的民族志材料。他知道峡谷中没有大理石，但他认为如果峡谷的多色石灰石被抛光，那么它们在颜色和图案上会与大理石非常相似。在20世纪中叶，人们计划在此建造一座大坝，不过幸运的是，他们最后放弃了这个想法，这种奇幻的自然美景才得以保留下来。

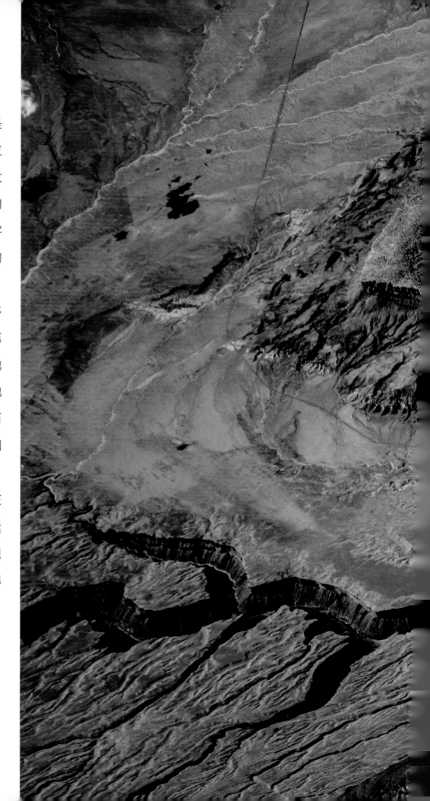

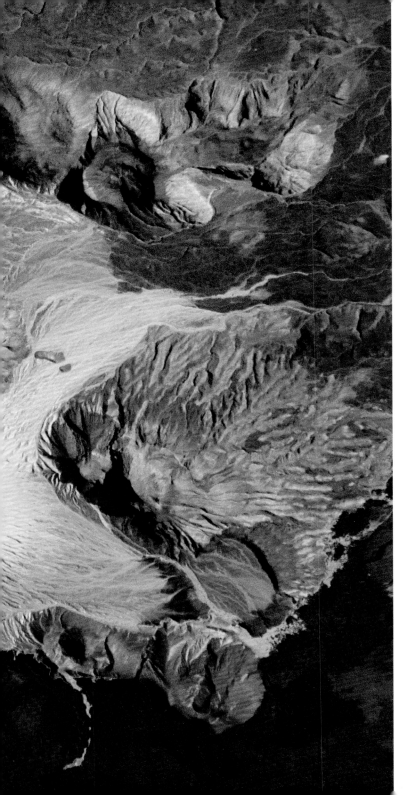

哈拉特喀巴尔

（沙特阿拉伯，亚洲）

火山口点缀着山体的奇幻美景，仿佛在月球或火星上才能看到如此美妙的景象。阿拉伯半岛上的一些火山口的轮廓如此清晰，风力的侵蚀对它们似乎毫无影响。今天，沙特阿拉伯西部的哈拉特喀巴尔火山区域非常干燥，好几年才下一场雨。然而，凝灰岩锥体的存在表明，在火山喷发期间，这里的湿度比平时要大得多。

马拉火山

（苏丹，非洲）

　　坐落在达尔富尔高原上的马拉休眠火山是苏丹的最高峰。德里巴地热湖位于其火山口，近旁还有另一个湖泊，在雨季会有大量的雨水补给。湖水表面如绿蓝色的镜子一般，使得岩石沙漠的恶劣景观得到了很大的改善，令人赏心悦目。该沙漠横亘在法希尔市和苏丹与乍得边界之间。据地质学家的计算，马拉火山最后一次喷发是在公元前20世纪。

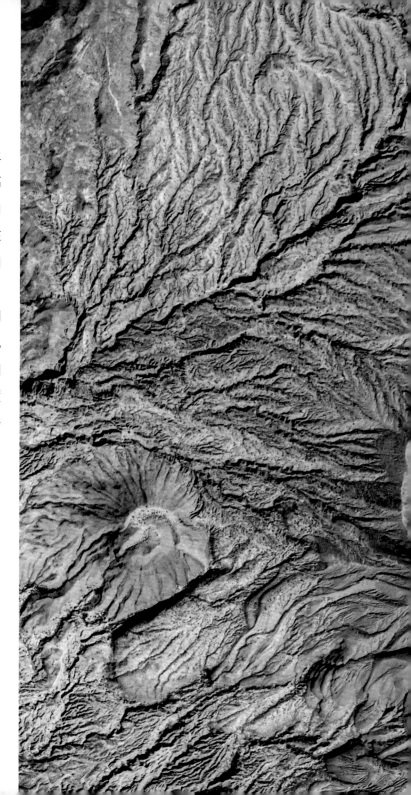

富士山

（日本）

　　"一只蜗牛，正沿着富士山的山坡向上爬，而美丽的富士山就矗立在日本的本州岛……"这是一位日本诗人赞美富士山的诗句。富士山是一座层状活火山。它的海拔高度为3 776米，是日本的最高峰。富士山山顶上有一座神庙、一所邮局和一个气象站。

　　富士山是富士箱根伊豆国立公园的组成部分，是世界遗产项目。这座山非常漂亮，总能吸引来众多的画家。日本画家葛饰北斋创作的《富岳三十六景》系列版画闻名世界，它是由46块浮世绘（彩色木版画）组成的。

始良火山

（日本）

始良火山位于日本九州岛，是日本第二大火山，海拔高度为3 067米。

始良火山是一座复合火山，它是由火山多次喷发形成的，有几个顶峰和火山口。

在1979年10月之前，该火山一直被认为是一座死火山。但是，它出乎意料地复活了，并接连不断地喷发，其火山口喷出了约200吨的火山灰。

比阿佛冰川

（巴基斯坦，亚洲）

比阿佛冰川是极地区域以外最大的冰川之一。

它位于喀喇昆仑山中部、克什米尔的巴基斯坦控制区内。其长度超过60千米。

该冰川基本上没有受到人类活动的影响。

喜马拉雅山脉

（亚洲）

喜马拉雅山脉是世界上最高的山地系统，其长度约2 450千米，宽度为200~350千米。白雪皑皑的山峰耸立在印度、尼泊尔、中国、巴基斯坦和不丹等国家和地区内。喜马拉雅山脉由10座海拔8 000米左右的高峰组成。

也有人将喜马拉雅山翻译为"雪山"。这个名称很贴切——喜马拉雅冰川总面积约为33 000平方千米，其中冰的体积约为10 000立方千米。冰川融化能为印度河、恒河和雅鲁藏布江提供水源。

喜马拉雅当地居民主要从事农业。世界农业耕种的上限（界限温度）就在这里。

加拿大

加拿大是北美洲国家，其国土面积居世界第二位。

雅克·卡蒂埃是加拿大的发现者之一。他是一名法国航海家，于1534年考察了圣劳伦斯河流域，称它是"加拿大之国（Canada）"。有很长一段时间，加拿大连同自己的首都蒙特利尔⑤沦为法国的殖民地，历经7年战争之后又成为大英帝国的殖民地。自1867年起，加拿大的自治范围逐渐扩大。1982年，这一自治化进程随着《加拿大人权利和自由宪章》的通过以及完全独立的实现而结束。

⑤1841年，加拿大安大略省的一座城市——金斯顿被选定为首都，1844年迁都到大城市蒙特利尔。1857年，维多利亚女王选择渥太华为加拿大的首都。——译者注

哈南山

（坦桑尼亚，非洲）

　　哈南山是坦桑尼亚第四高峰（第一是乞力马扎罗山），其顶峰海拔为3 417米。

　　在山脚下居住着坦桑尼亚热情好客和爱好和平的民族——达图加人。与激进的马赛人相反，他们保留了自己古老的传统，相信灵魂和巫师，并过着半游牧式的生活。然而，由于拒绝接受包括医药在内的文明带来的好处，达图加人的数量正在逐渐减少。

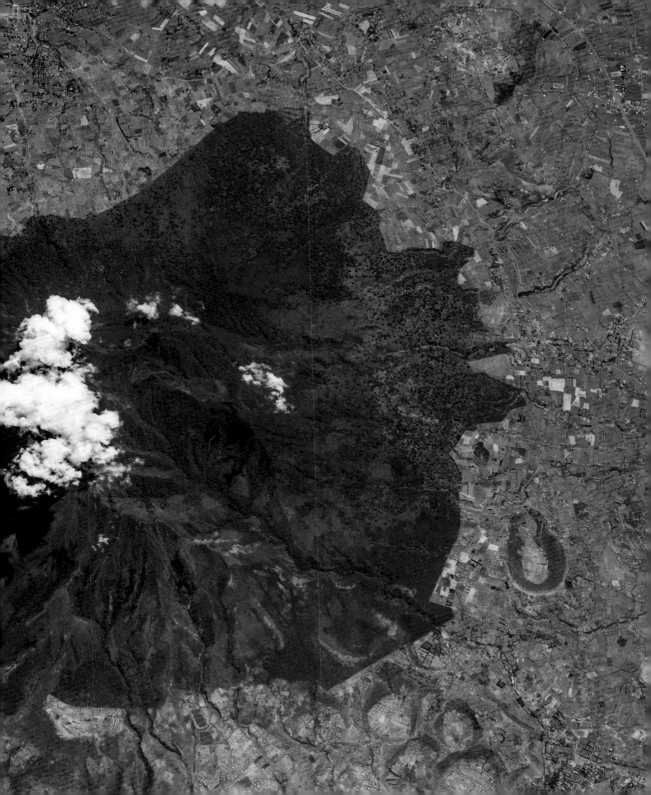

厄尔布鲁士山

（俄罗斯）

　　厄尔布鲁士山是一座死火山，也是俄罗斯和欧洲的最高峰。它的双峰峰顶清晰可见——东峰海拔5 621米，西峰海拔5 642米。

　　人类第一次成功地攀登厄尔布鲁士山双峰之一完全是为了进行科学考察。考察是由俄罗斯科学院组织的。19世纪杰出的科学家们参与了这次考察。1829年7月22日，考察队中的一名向导登上了东峰，余下的人也攀登到了大约5 300米的高度。

伊斯坦布尔海峡
（土耳其）

　　伊斯坦布尔海峡是欧洲和亚洲的分界线，它把黑海和马尔马拉海连接起来，并与达达尼尔海峡一起连接黑海和地中海。

　　人口众多、历史悠久、景点丰富、美丽而繁华的伊斯坦布尔就坐落在海峡两岸。

直布罗陀海峡

（西班牙、摩洛哥）

　　直布罗陀海峡将地中海与大西洋连接起来，却把欧洲和非洲分隔开来。一个传说称，海峡是由古希腊神话中的主神宙斯之子赫拉克勒斯创造的，因此沿岸的两座山峰被称为赫拉克勒斯之柱。这是直布罗陀巨岩，它坐落在南欧的伊比利亚半岛上，与非洲摩洛哥的摩西山隔海相望。

马里

（非洲）

　　它仿佛一片平坦的沙漠，然而，这片沙漠里耸立着许多大大小小的岩石。岛山（Inselberg，来自德语，Insel表示"岛屿"，Berg表示"山脉"），或岛屿山，是孤立的结晶岩矿苗，高度从100米到2 000米不等，耸立在平原地区。

　　照片上的岛屿山离博尼不远，其高度达到750米。

吉萨金字塔群

（埃及，非洲）

　　吉萨金字塔群中有尼罗河谷最古老的金字塔。其中最大的胡夫金字塔是"世界七大奇迹"中唯一幸存的。无论你从国际空间站的舷窗中看到地球上多少座城市，你都能够轻易地从中辨认出这座古老的人类建筑。

亚拉腊山

（土耳其，亚洲）

土耳其的最高峰是大亚拉腊山，海拔5 165米。稍远一些的是休眠火山小亚拉腊山（海拔3 896米）。

大亚拉腊山的土耳其名字叫作"Agri Dag"，亚美尼亚名字则是"Masis"。后者来自伊朗语，意思是"伟大、宏大"。

古代强大的乌拉尔图王国就在这里，在亚美尼亚高原上建立。公元前9世纪至公元前8世纪是乌拉尔图王国的全盛时期。《圣经》里也提到过亚拉腊山脉。因此，有人认为诺亚方舟可能曾在此停泊。

元素：

气

云

大气层中的云会呈现出奇特的形状。例如，它看起来像蘑菇或者像准备悬停的飞碟。而从这里，从太空中看，它们完全不同，有时要比我们从通常角度看到的云更有立体感。

加入本书读者交流群

欣赏来自太空的精美图文
和书友一起探索地球奥秘

入群指南详见本书 最后一页

云

　　有时，云会组合成气势恢宏的画卷！我们很难想象出组成画卷的不过就是在空中飘舞浮沉的微小水滴。

　　不论是从地球上，还是从太空中，我们都不会停止对它们进行更深入的观察和研究。

太平洋上空的气旋

这不是白雪，而是气旋。气旋是巨大的空气涡旋，直径从数百千米至数千千米不等。

它的特点是中心气压下降到了最低点。在北半球，气旋逆时针旋转，而在南半球正相反，呈顺时针旋转。

"风暴眼"是赤道气旋的特点，直径为20～30千米，透过它可以看到海洋。此时，海洋相对平静，天气晴朗。

太平洋上空的云

　　云漂浮在太平洋那金蓝色的海面上空，是翼龙展翅？还是荷兰飞人？抑或是万马奔腾？在这气势宏伟和永恒宁静的迷人画卷中，每个人都会有所发现。

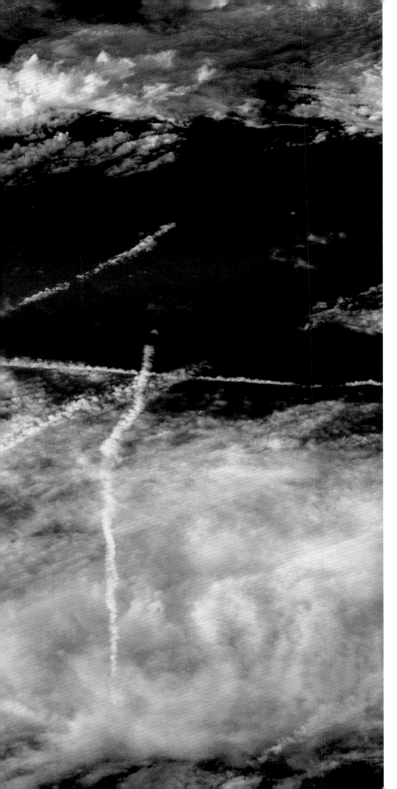

飞机在欧洲上空留下的痕迹

　　欧洲一直处于物流运输的"十字路口"。今天，飞机取代了驿马，于是，飞机在空中飞行创作出了令人惊讶不已的美图。

印度尼西亚上空的云

（亚洲）

2月份拍摄这些照片时，印度尼西亚的雨季仍在继续，只有到3~4月份，旱季才会接替雨季。

印度尼西亚是世界上排名第四的人口大国。其居民分布在13 466座岛屿上，其中的6 000座有常住居民。印度尼西亚最大的岛屿是爪哇岛、苏门答腊岛、苏拉威西岛、加里曼丹岛（婆罗洲岛）和新几内亚岛。

1890年，人们在印度尼西亚的爪哇岛上首次发掘出直立猿人的遗骸。然而，被称为爪哇猿人的亚种并不是现代人的直接祖先，现代人源自非洲猿人。

加拉帕戈斯群岛上空的云

（太平洋）

透过云层，我们可以看到加拉帕戈斯群岛上21座火山中的3座。它们从左至右依次是沃尔夫火山（伊莎贝拉岛）、达尔文火山（伊莎贝拉岛）、拉·昆布雷火山（费尔南迪纳岛）。

该群岛能够出名，要归功于英国自然科学家和旅行家查尔斯·罗伯特·达尔文。

在研究该岛屿的动物群系时，达尔文得出的结论后来成为进化论的基础。1859年，达尔文在《物种起源》一书中发表了对进化论的阐述。

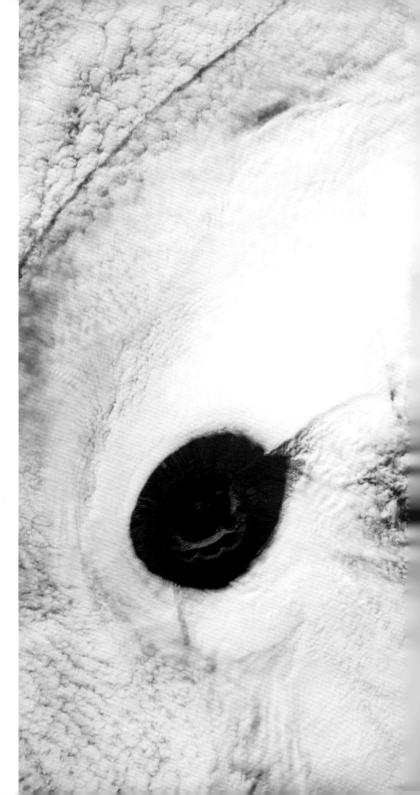

元素:

水

费尔南迪纳岛和伊莎贝拉岛

（加拉帕戈斯群岛，太平洋）

伊莎贝拉岛形状类似海马，是加拉帕戈斯群岛中最大的岛屿。它由6座火山组成。该岛以西班牙女王伊莎贝拉的名字命名。伊莎贝拉是哥伦布雄心勃勃的航海计划的支持者。

加拉帕戈斯群岛又叫龟岛，因为它们是象龟的家园，而象龟目前是陆生龟类中最大的一种。

旧金山湾

（美国）

旧金山湾南部的盐池呈现出怪异的形状，不知是像鱼，还是像鸟。

微生物根据水的含盐度释放出不同的颜色：含盐度低的水呈绿色，含盐度高的水呈红色。借助水的自然蒸发来提取盐的方法在许多国家得到应用。这样的景象从太空中看起来非同寻常。

阿留申群岛

（太平洋）

　　阿留申群岛酷似伸展开来的做工精致的项链。它们是由俄罗斯航海家 M.涅沃奇科夫、C.格洛托夫和 A.托尔斯泰在18世纪发现的。根据一些研究者的说法，岛屿的名称来自楚科奇语单词"алиат"，意为"岛屿"。

　　该群岛由110座岛屿和众多的岩石构成，总面积达到17 666平方千米。

乌姆纳克岛

（阿留申群岛，太平洋）

　　乌姆纳克岛，所谓的福克斯群岛之一，其大小居阿留申群岛第三位。该岛是航海家、"圣朱利安号"船长斯捷潘·格洛托夫在1758年发现的。

　　在岛上有列切什内火山、奥克莫克火山（参见照片）和弗谢维多夫火山。弗谢维多夫火山沉睡了200年，结果在1957年被地震唤醒。

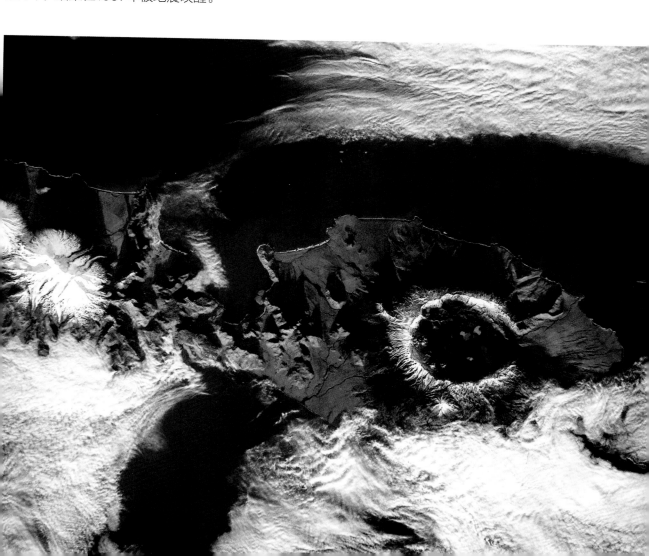

提克豪环礁

（土阿莫土群岛，太平洋）

　　提克豪环礁（即克鲁森施滕岛），在当地语言中，意为"和平泊地"。环礁直径约26千米。提克豪环礁于1816年被俄罗斯旅行家奥托·冯·科策布发现。为了纪念伟大的俄罗斯航海家伊万·费奥多罗维奇·克鲁森施滕，他将此地命名为克鲁森施滕岛。

莱阿提岛和塔哈岛

（法属波利尼西亚，太平洋）

莱阿提岛和塔哈岛被同一个潟湖包围，形成一个钥匙孔或一个感叹号的形状（如果你把书倒过来看的话）。

人们认为，莱阿提岛是波利尼西亚文明的摇篮。这里有着波利尼西亚最大的圣地——为奥罗神建的塔普塔普阿铁阿神庙。2017年，它被联合国教科文组织批准列入《世界遗产名录》。

塔哈岛上还有许多古老的建筑。在18世纪至19世纪，该岛是莱阿提岛国王与附近的博拉博拉岛国王之间血腥争夺的对象。

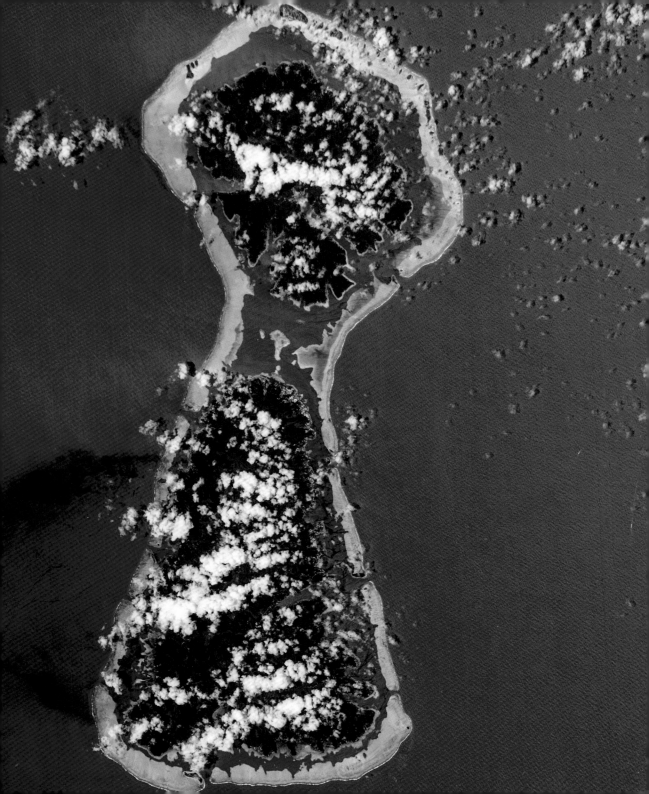

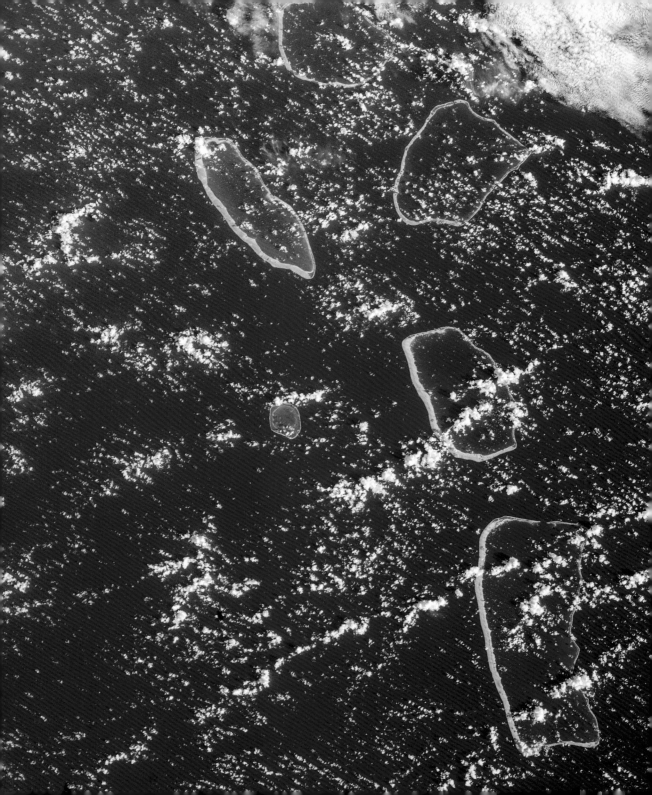

土阿莫土群岛

（太平洋）

土阿莫土群岛位于太平洋的法属波利尼西亚中部。

这些环礁被称为危险群岛，因为大量的小岛屿、珊瑚礁和浅滩给航海带来了危险。

该群岛的东部有时被称为俄罗斯人的群岛，因为其中许多岛屿是俄罗斯旅行家发现的，并且以俄罗斯人的名字命名，如库图佐夫、克鲁森施滕、鲁缅采夫等。

南乔治亚岛
（大西洋）

南乔治亚岛位于南大西洋。南乔治亚岛和南桑威奇群岛隶属马尔维纳斯群岛。

该岛于1675年由英国人安东尼·罗奇发现。詹姆斯·库克于1775年对该岛进行了考察，并绘制了地图。他为了纪念自己的国王而用国王的名字命名该岛，并宣布该岛是英国王室拥有的领土。

后来，俄罗斯的别林斯高普和拉扎列夫探险队考察了该岛西南海岸。

克托伊岛

（千岛群岛，俄罗斯）

冰雪覆盖的千岛群岛仿佛在蓝天中缓缓地翱翔。

在遥远的过去，阿伊努人曾在克托伊岛上居住。"阿伊努人"翻译过来意为"真正的人"。不过，他们的起源至今仍然是个谜。在他们的语言中，这座岛屿的名称意为"草地"。

目前，该岛无人居住。

马图阿岛

（千岛群岛，俄罗斯）

千岛群岛还有一座叫马图阿的岛屿。"马图阿"是从阿伊努语翻译过来的，意为"地狱之口"。

该岛有一段有趣而艰难的历史。阿伊努人是该岛的原始居民，但在1875年，他们被日本军队所取代，这些日本军队于1945年被苏联边防军驱逐出境。2000年，该岛上的俄罗斯军事基地被封存。目前，该岛无人居住。

恒河与雅鲁藏布江

（孟加拉国，亚洲）

　　这两条河流是亚洲最大的"水动脉"。圣河恒河是世界上水量最充沛的河流之一。在孟加拉国的领土上，恒河的主要分支被称为博多河，这一名称来自《吠陀经》《摩诃婆罗多》和《罗摩衍那》史诗中提到的印度教女神的名字。

　　在这里（照片上），恒河与雅鲁藏布江和梅克纳河汇合。恒河在注入孟加拉湾时，形成了世界上最大的三角洲。

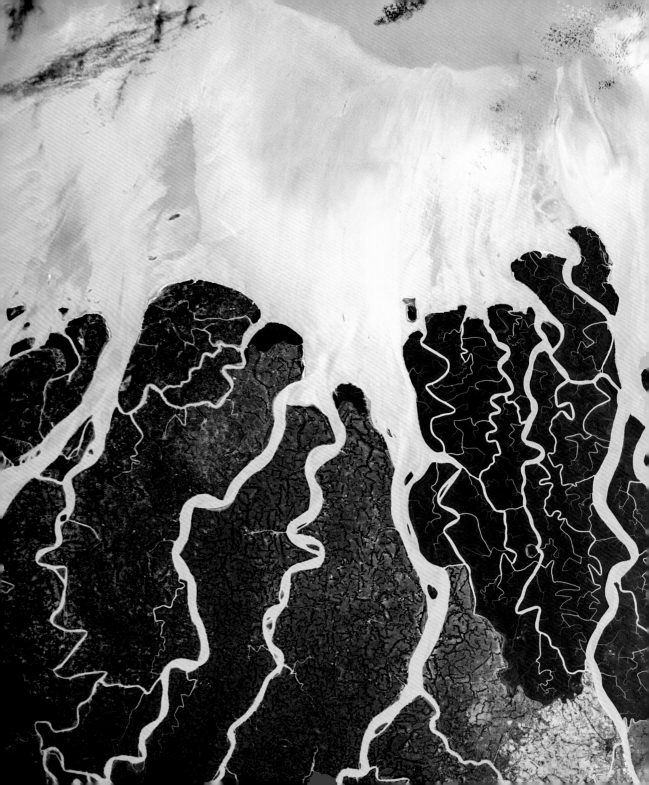

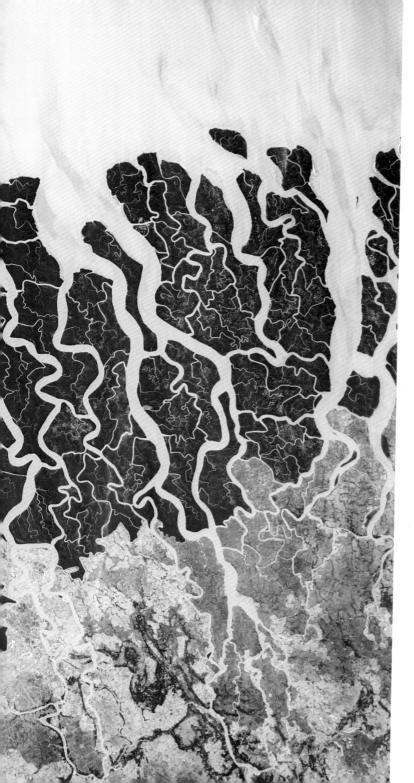

恒河三角洲

（孟加拉国，亚洲）

　　孟加拉国地处恒河和雅鲁藏布江三角洲。由于存在海平面上升的风险，因此该国被认为是世界上最脆弱的国家。

　　孙德尔本斯红树林就位于恒河三角洲。它是世界上最大的红树林，已被收入《世界遗产名录》。这儿栖息着孟加拉虎以及亚洲最大的爬行食肉动物——湾鳄。

阿森松岛和特里斯坦-达库尼亚群岛

（大西洋）

阿森松岛（上图）和特里斯坦-达库尼亚群岛（右图）是英国在大西洋的领土。所有岛屿都是由火山喷发形成的，而且陆地之间相隔甚远。

特里斯坦-达库尼亚群岛是地球上有人居住的最偏远的岛屿（距圣赫勒拿岛2 161千米）。爱丁堡⑥是特里斯坦-达库尼亚群岛的主要居民点。该群岛位于南纬37°，儒勒·凡尔纳在小说《格兰特船长的儿女》中提及该群。

⑥该群岛首府借用了英国著名文化古城、苏格兰首府的名称爱丁堡。——译者注

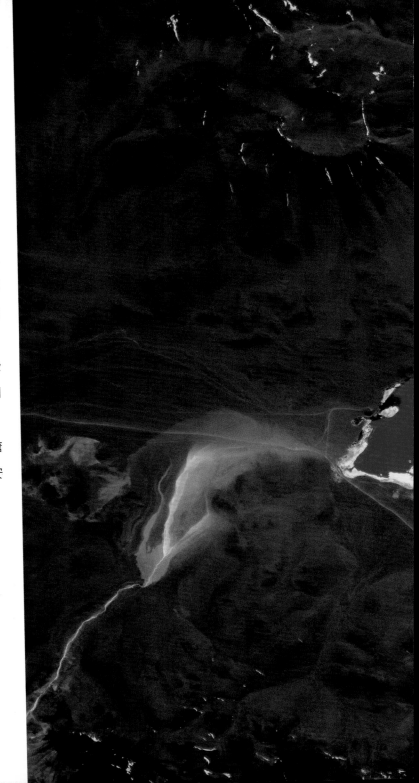

科罗拉达湖

（红湖）

（玻利维亚，南美洲）

红湖（直译为"有颜色的湖"）位于玻利维亚西南部的爱德阿都·阿瓦罗·安第斯动物群国家保护区，血红色的湖水红得吓人。这种罕见的色素沉着是由沉积岩和某些类型的藻类造成的。

从太空中看，这个湖有些恐怖，但是，一旦你踏上红湖湖岸，你就不会这么觉得了。在这里，你可以遇见大群的詹姆斯火烈鸟，有时还能见到安第斯火烈鸟和智利火烈鸟。

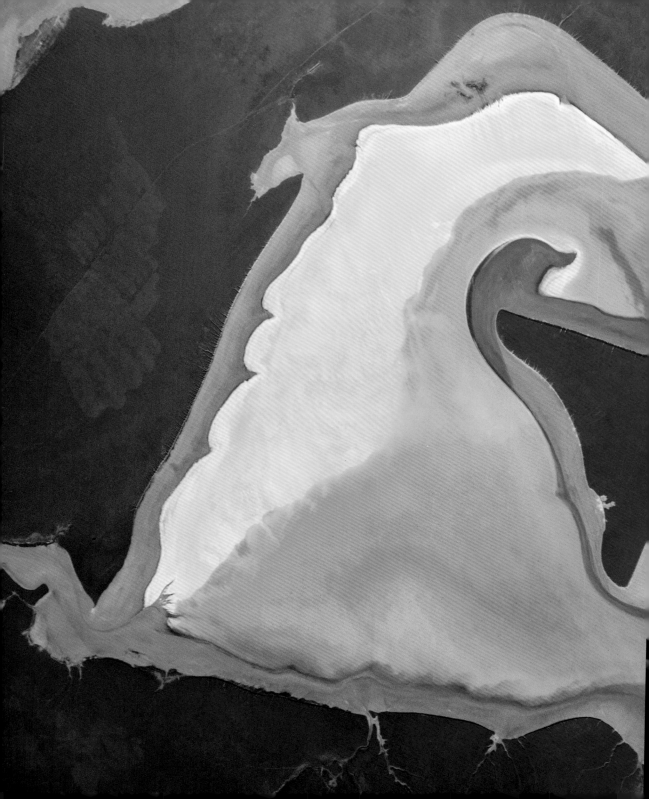

阿拉湖

（哈萨克斯坦）

这个湖与萨尔瓦多·达利笔下的油画很相像。它属于内陆湖，也就是说，湖水没有直接外泄入海，只能通过蒸发或渗透离开湖泊。其湖水又苦又咸，周围环绕着的是盐泥或黄褐色的泥土。

火山口湖

（俄勒冈州，美国）

从太空中看，这个湖的形状类似人脸的轮廓。该湖是由约7 700年前马扎马火山爆发后所遗留下来的火山口形成的。它位于俄勒冈州国家公园，其深度居北美洲第二。

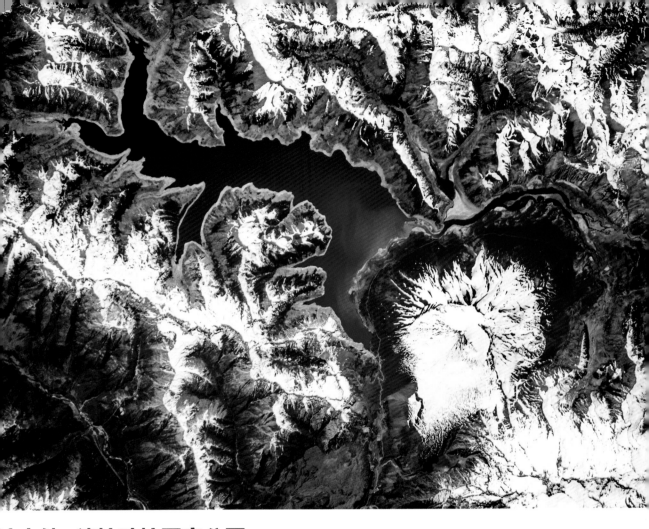

拉古纳－德拉哈拉国家公园

（智利，南美洲）

拉古纳－德拉哈拉国家公园是根据其同名湖泊命名的。湖岸上就是安图科层状火山。总的看来，是这座火山造就了周边的熔岩景观。火山位于南纬37°，儒勒·凡尔纳的小说《格兰特船长的儿女》曾是到过它。

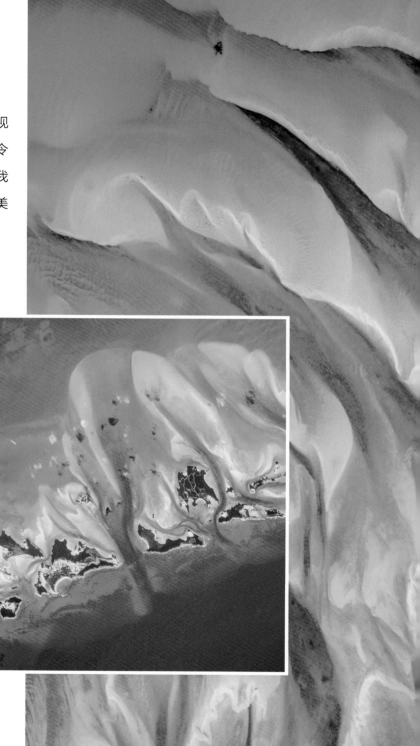

巴哈马群岛

（大西洋）

　　从400多千米的高度俯视巴哈马群岛，那景观是非常令人惊叹和着迷的。这也许是我们从国际空间站欣赏地球之美时，见过的最美丽的景色了。

皮尼奥斯河水库

（希腊，欧洲）

皮尼奥斯河水库位于伯罗奔尼撒半岛，其形状就像一只展翅欲飞的大鸟。它是由人们在皮尼奥斯河上拦河筑坝蓄水而形成的。在神话传说赫拉克勒斯（大力神）的第五个壮举中就有提到这条河流。据说，阿尔普斯河和皮尼奥斯河之所以改道就是为了清洁奥革阿斯的牛棚。

大象丘水库

（美国）

该水库建在美国新墨西哥州的格兰德河上。

水库大坝始建于1911年，到1916年，水库被注满水。如此大规模的建设堪称20世纪初一个了不起的工程壮举。如今，这是新墨西哥州唯一可以在岸边看到鹈鹕的水库。

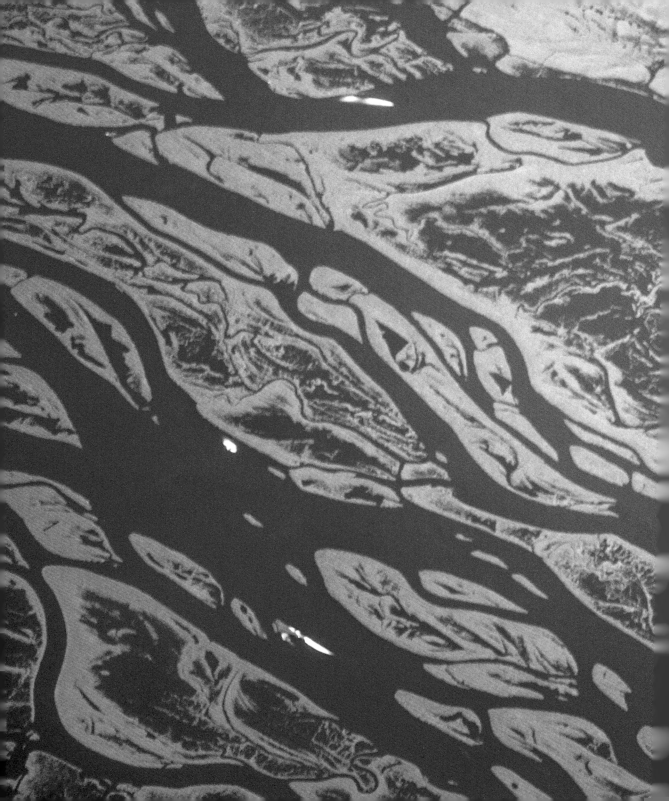

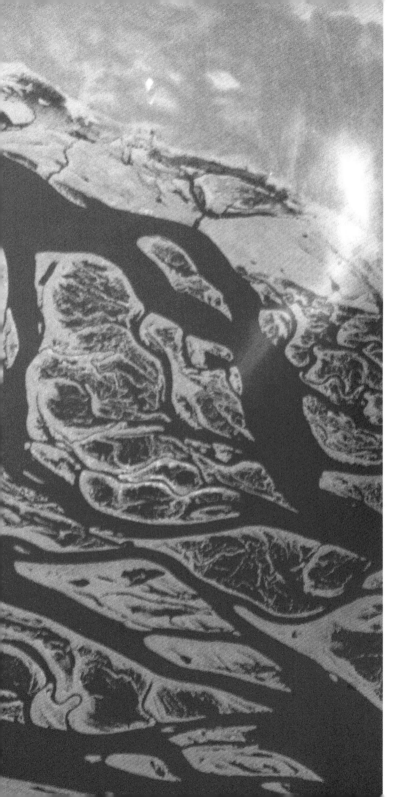

亚马孙河

（南美洲）

　　乌卡亚利河和马拉尼翁河汇合在一起，形成了世界上流域最大、水量最充沛的大河——亚马孙河。

　　据说西班牙征服者登上河岸后，被印第安人土著部落妇女为保卫自己的土地而表现出来的力量和激情深深地震撼，所以，为了纪念传说中这些威风凛凛的女战士才这样命名这条河。也许，那些战士是长发飘飘的男子汉呢。

复活节岛

（太平洋）

复活节岛，或叫拉帕努伊岛，位于太平洋上，是智利的领土。像特里斯坦-达库尼亚岛一样，它是世界上有人居住的最偏远的岛屿之一。

该岛以摩艾石像闻名。摩艾石像是用凝灰岩，也就是火山灰，压制而成的。根据原住民的说法，石像中蕴含着祖先的力量，其中包括拉帕努伊的第一任国王霍图·玛图阿的力量。

著名旅行家托尔·海尔达尔于1955年至1956年间在一次考古探险中，发现了石像建造之谜。

巴拉圭河

（南美洲）

　　巴拉圭河堪称名副其实的界河：从巴伊亚内格拉港到与阿帕河交汇处，水量充沛的巴拉圭河是巴拉圭和巴西两国间的界河。而在南部，直到巴拉圭河与巴拉纳河的交汇处，它又成了巴拉圭和阿根廷两国的界河。巴拉圭河本身将巴拉圭分为南巴拉圭和北巴拉圭，98%的人口居住在巴拉圭南部。

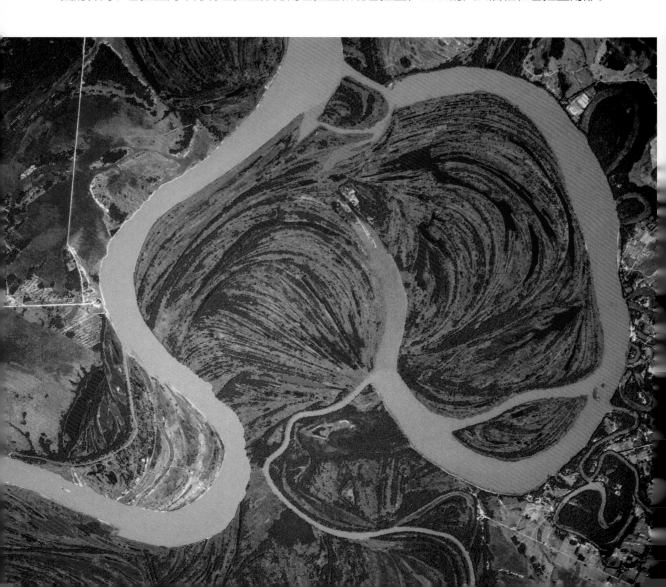

马格达莱纳河

（哥伦比亚，南美洲）

马格达莱纳河是哥伦比亚最长的河流。雨水和洪水滋养着这条河流。

欧洲发现者罗德里戈·德·巴斯蒂达斯于1501年4月1日将这条河命名为马格达莱纳河，用的是一位基督圣徒、拿香膏的女人⑦——玛利亚·马格达莱纳的名字。

⑦根据《福音书》，把耶稣从十字架上摘下后给其尸体涂圣油的女人。——译者注

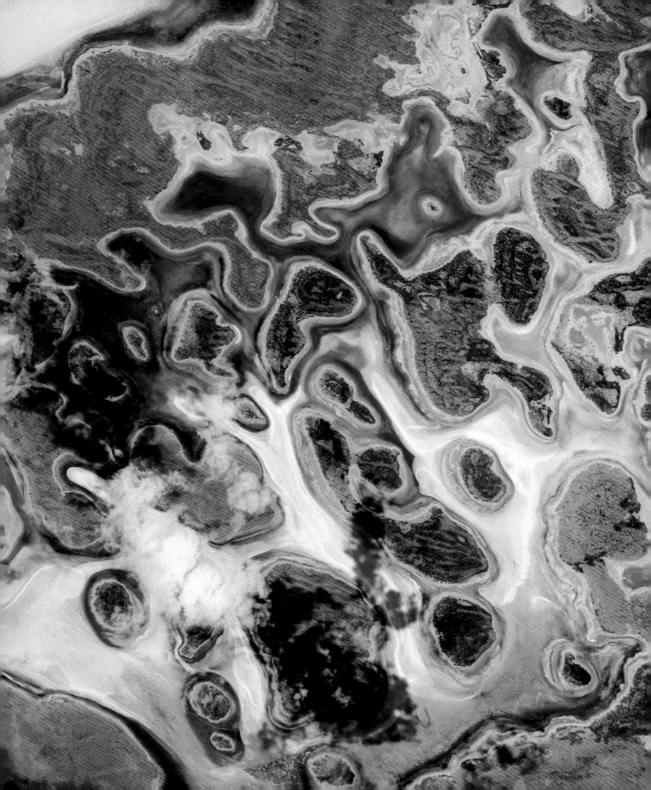

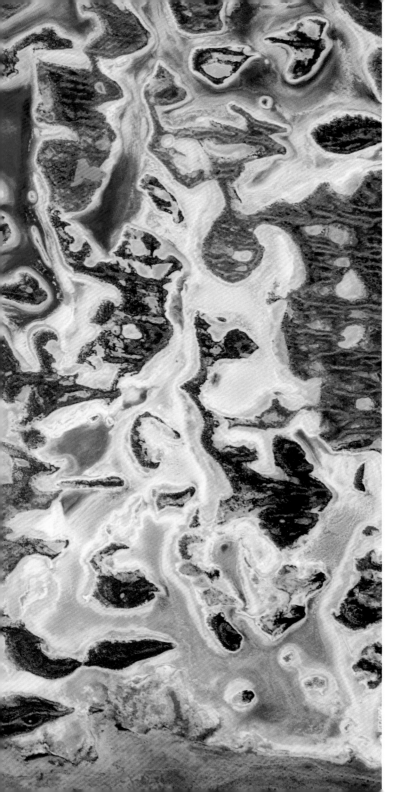

麦克唐纳湖

（澳大利亚）

麦克唐纳湖是一个迷宫般神秘的湖泊，是澳大利亚正在干涸的湖泊之一。其景色虽然美丽，却也令人难过不已。不计其数的水道使得这里形成了很多小岛。在这样的小岛上，就连鲁滨孙都未必能存活下来。在这里，白色的盐层清晰可见。尽管数百万年前澳大利亚遍地生长着热带植物，栖息着其他大陆罕见的动物，可如今它正在变成一个日益干旱的国家。

河间之夜

（伊拉克，亚洲）

塞尔萨尔湖距离巴格达有120千米远，月光反射在湖面上，好似给地球丝绒般的夜色点缀上了金块。兴建该湖是为了灌溉土地，并给底格里斯河泄洪。

自巴格达向左延伸的河谷被城市的灯光照亮。在该湖下游，我们可以看到幼发拉底河和卡迪西亚水库（参见第172—173页）。

与古代一样，现代美索不达米亚（两河流域）的生活区主要集中在这些大河的山谷中。

奥霍–德列夫雷潟湖

（墨西哥，北美洲）

奥霍–德列夫雷是加利福尼亚半岛中部的一个潟湖。在这里，大自然和工业生产之间形成了独特的和睦关系。一方面，这里有世界上最大的盐厂；另一方面，科学家们保护着潟湖，因为灰鲸为了繁殖后代会洄游到此。1857年，捕鲸者发现了潟湖，鲸鱼种群受到重创。今天，位于埃尔比斯开诺鲸鱼禁渔区的潟湖受到联合国教科文组织的保护，发展生态旅游和禁止在此扩建工厂等举措促进了这些海洋巨鲸数量的回升。

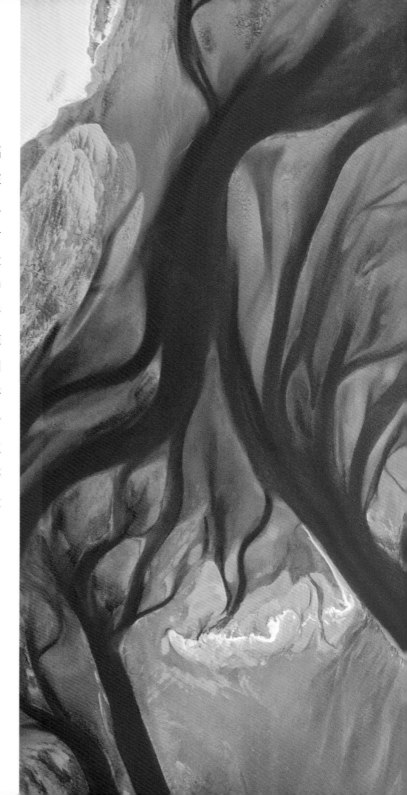

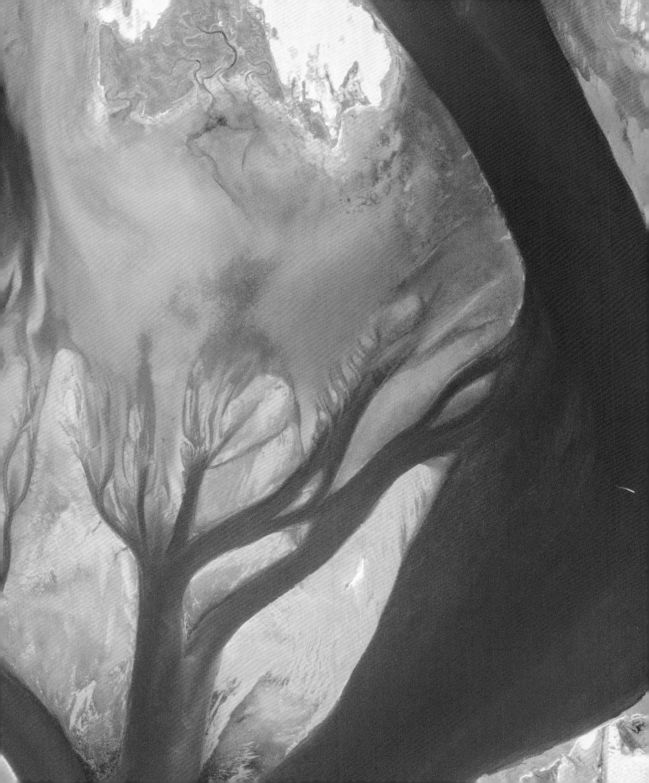

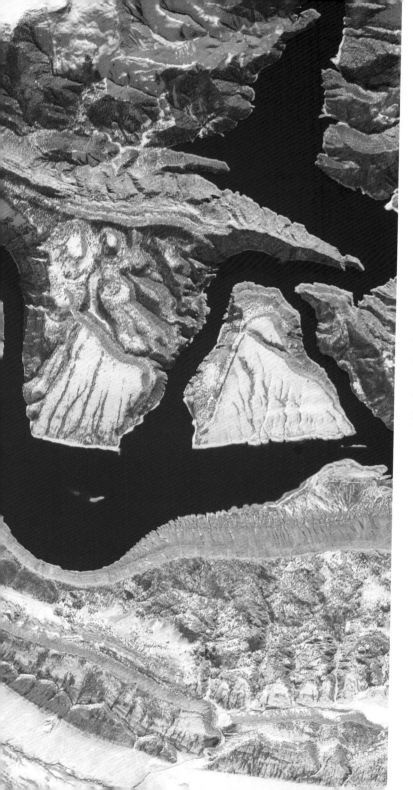

绿河

（美国）

火焰峡谷水库是一个风景如画的地方，位于美国犹他州和怀俄明州之间。垂钓、泛舟、徒步旅行和野外露营的爱好者酷爱此地。这可以理解——只要看一眼在峡谷中蜿蜒流动的支流，人们便想抛弃一切，坐在独木舟上悠然自得地划船，欣赏陡峭的岩石海岸，梦想与印第安人和勇敢的猎人一起去冒险。

加罗林岛

（基里巴斯，太平洋）

基里巴斯共和国是一个太平洋小国。它由33个相距数千千米的环礁组成，其中有人居住的环礁有13个。查尔斯·罗伯特·达尔文认为，环礁是由于火山岛沉降，珊瑚在岛的周围生长堆积而形成的。

照片中的半透明岛屿是加罗林岛，它在历史上有过很多不同的名称，其中最后一个名称诞生于1999年，这个名称就是千禧岛。当加罗林岛偏移日期变更线后，成为地球上除南极洲以外第一个迎接2000年1月1日黎明的地方。

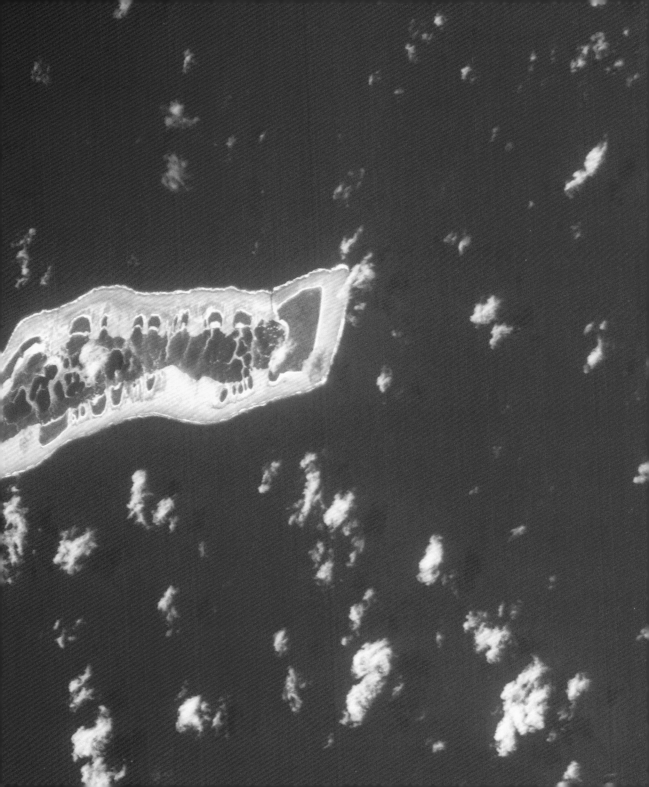

阿波由湖

（尼加拉瓜，中美洲）

　　奇利捷普半岛深入到马那瓜湖，而尼加拉瓜的火山群就分布在该半岛上。它们与该国首都马那瓜市为近邻。火山群中心的火山口被阿波由湖水注满，而该火山口近旁还有一个同样是由于火山喷发而形成的希洛湖。

　　希洛湖离阿波由湖不远，位于马那瓜市的郊区。人们在这里的泥浆和火山灰中发现了古人在2000多年前留下的足迹化石，这为确定人类在中美洲生活的时间提供证据。

密西西比河和新奥尔良

（美国）

　　棕色的高速公路上排满了长方形的车辆，不知是卡车司机驾驶的大货车，还是大巴车——其实，那是流域覆盖了新奥尔良四分之一面积的密西西比河的河道。机场起降跑道离河岸不远，清晰可辨。如此宁静的画面丝毫不会让人想起，2005年"卡特里娜"飓风袭击后，这座曾经的爵士乐之都和狂欢城一度满目疮痍。

　　酷似好莱坞大片场面的灾难夺去了2 000多人的生命。为了躲避灾难，更多的新奥尔良居民纷纷逃离这座城市。就这样，许多人再也没有回过这座城市。

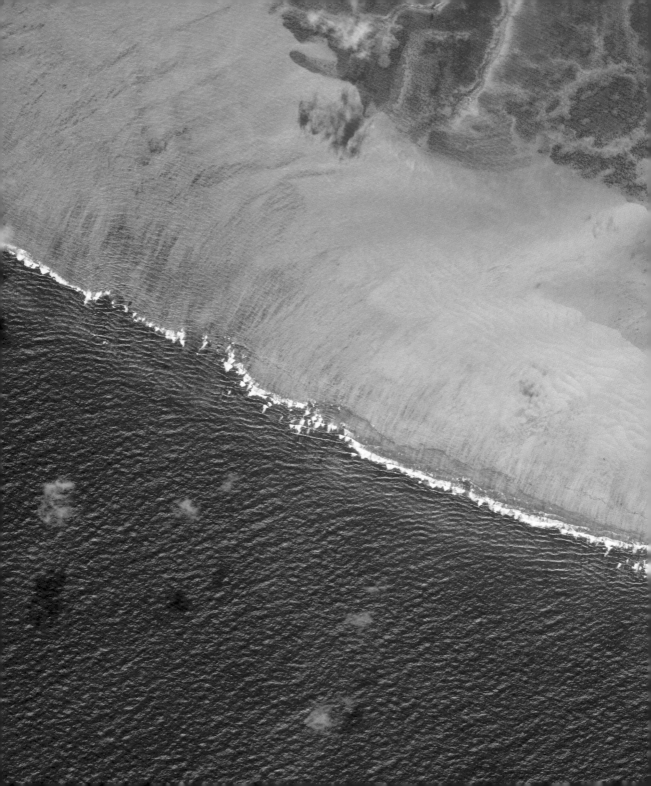

弗伦奇弗里盖特沙洲

（夏威夷群岛，太平洋）

即使从太空中观看，这个天堂之地也清晰可见。弗伦奇弗里盖特沙洲是太平洋上的珊瑚礁环礁，由十几个小沙岛或者说环绕珊瑚礁的小岛组成。该环礁在行政上隶属夏威夷。在环礁的中心有一道高度近40米的悬崖——拉佩鲁兹悬崖，这是一座死火山的遗迹。它的名字，让人想起了法国航海家康特·德·拉佩鲁兹的旅程——他差一点儿在这里的浅水区失去两艘护卫舰。不幸的是，拉佩鲁兹没有从那次远航中归来。

科托尔湾

（黑山，欧洲）

    科托尔湾是最美丽的海湾，也是亚得里亚海最大的海湾。在它的海岸上有许多铭刻着历史的古老城市：蒂瓦特、科托尔、新海尔采格、佩拉斯特等。海湾最狭窄的地方是维里格海峡。历史证明，这条250米长的、像链条一样的海峡，阻挡住了海盗和其他入侵者。

    在海峡的右岸，我们可以看到横跨威尼斯共和国和奥斯曼帝国边界的城市卡梅纳里。卡梅纳里的采石场闻名遐迩，盛产稀有的粉红色石灰石。假如你们现在去科托尔，就可以在抛光的粉红色路面上走一走了。

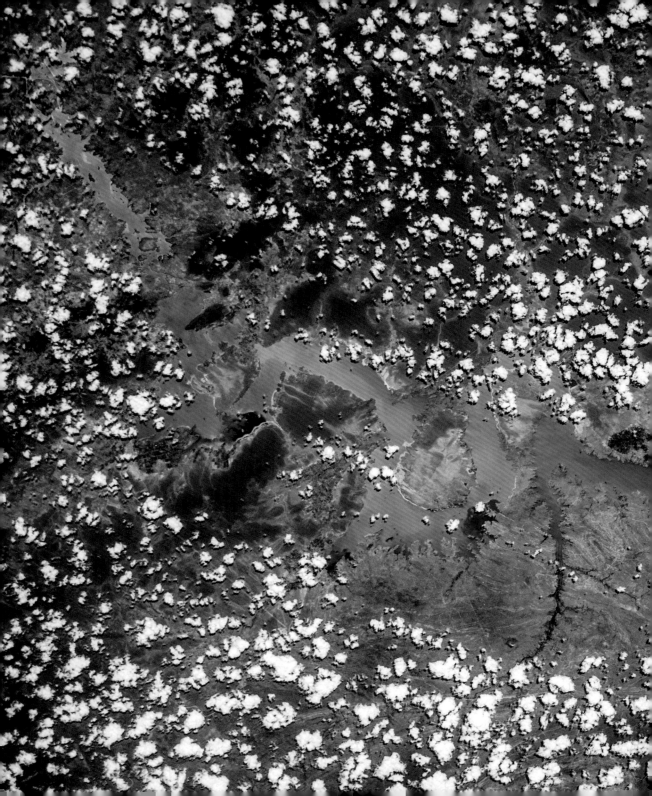

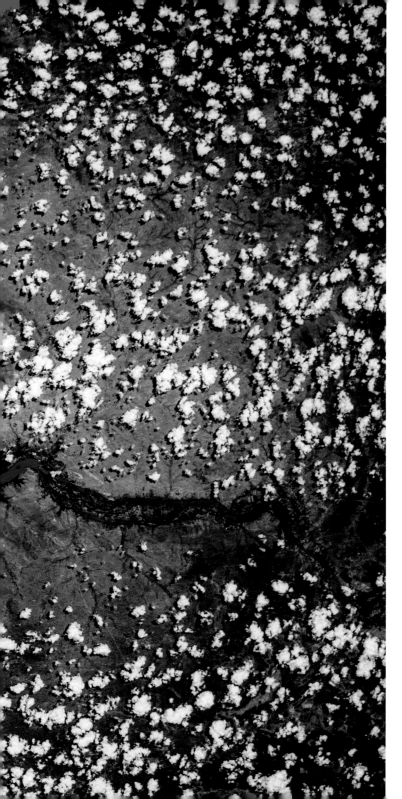

圣弗朗西斯科河

（巴西，南美洲）

葡萄牙最早一批探险家为纪念阿西西的天主教圣徒弗朗西斯科，将这条河命名为"圣弗朗西斯科河"。

风景如画的河流两岸正"放牧"着如白色羊群般的云朵。

圣弗朗西斯科河是南美洲最长的河流之一，也是巴西独特的生态区——卡廷加的主要水道。森林以热带落叶植被为主，面积超过70万平方千米，一年中，这里只有3个月会下雨。

纳赛尔水库

（埃及，非洲）

从太空中观看，陆地上的景观大多像玻璃上的霜花，这些"霜花"常常是覆盖着冰雪的高山山脊。

不过，我们从这张照片上看到的景观与寒冷的冰雪无关，它所展现的是纳赛尔水库的景象。纳赛尔水库是在阿斯旺水电站建成后形成的。它位于气候炎热的埃及尼罗河上。

在施工期间，许多古埃及文化遗迹和建筑遗迹被小心翼翼地迁走，因为它们受到被水淹没的威胁。其中，阿布辛贝神庙建筑群的迁移，堪称世界上规模最大、最复杂的工程和考古作业之一。

卡迪西亚水库，幼发拉底河

（伊拉克，亚洲）

伊拉克埃尔哈迪塞的大坝阻挡了西亚最长的、历史上最重要的河流——幼发拉底河。它在流入波斯湾之前与另一条伟大的河流——底格里斯河汇合。

在幼发拉底河和底格里斯河之间是美索不达米亚平原，在美索不达米亚出现过我们星球上最古老的文明，它存在了大约25个世纪。苏美尔人不是这里的第一批定居者，但正是他们在美索不达米亚南部肥沃的土地上定居下来，并取得了人类文明发展方面最重要的突破——他们发明了文字。

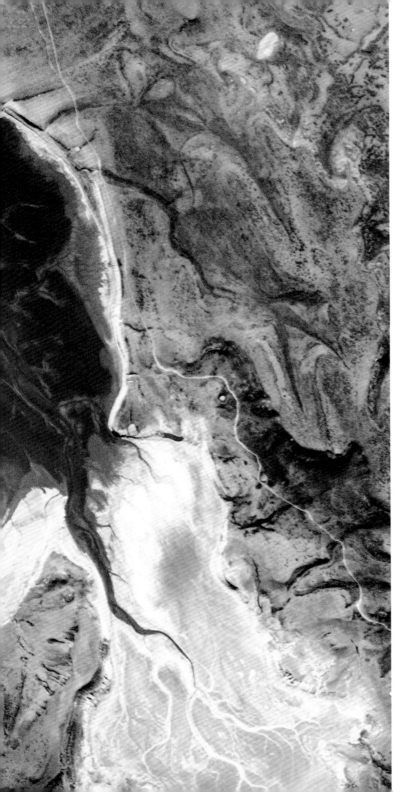

圣胡利安湾

（阿根廷，南美洲）

那像是蓝色乌贼一般把触手伸向周围景致的，正是圣胡利安湾，或者叫作圣朱利安斯湾——这是由费迪南德·麦哲伦命名的。在第一次环球旅行期间的1520年，他的船队曾留在这里过冬。

1520年8月底，麦哲伦由此继续前行，并发现了将南美洲与火地群岛隔开的海峡，如今这个海峡就以他的名字命名。

58年后，弗朗西斯·德雷克也在这个海湾过冬。而在19世纪，查尔斯·罗伯特·达尔文乘坐"比格尔"号考察船进行环球航行时也曾经造访过这里。

奥里诺科河

（委内瑞拉，南美洲）

奥里诺科河——委内瑞拉最大的河流，全长2 736千米。这条河的源头位于圭亚那高原的西南部，靠近巴西边界的德尔加多查尔包德山。它流入大西洋，在入海口形成了一个面积达41 000平方千米的巨大三角洲。

在奥里诺科河里不仅栖息着亚马孙海豚，还有一些非常危险的鱼类，如食人鱼和当地的奥里诺科鳄鱼。这种鳄鱼的体长超过了5米。

儒勒·凡尔纳在小说《壮丽的奥里诺科河》中描写了这条壮观的河流和当地人的生活。小说中的主人公在一次危险重重的探险之旅中发现了这条河流的源头。

尼亚加拉大瀑布

（美国、加拿大）

　　五大湖，尼亚加拉河……凡是在童年时期阅读过美国大作家詹姆斯·费尼莫尔·库珀的小说的人，都听到过这些湖泊、河流的名称，看见过无法通行的森林；看见过印第安人的独木舟悄无声息地在平静的湖面上行驶，勇敢的猎人在跟踪追击猎物；看见过咆哮狂泻的尼亚加拉瀑布上空的彩虹……

　　但是，我们此刻从太空中只能清楚地看到，首批狂野、自由的开拓者什么都没有留下。这片土地被开发利用得很好，上面人口稠密。

佩里托·莫雷诺冰川

（阿根廷，南美洲）

佩里托·莫雷诺冰川位于洛斯格拉兹阿勒冰川国家公园内，以阿根廷探险家、科学家和政治家弗朗西斯科·帕斯卡西奥·莫雷诺的名字命名。它是巴塔哥尼亚冰原的一部分。佩里托·莫雷诺冰川在不断地移动，有时会完全覆盖阿根廷湖。

天然冰坝将湖泊一分为二。由于失去了排水渠道，来自南部（照片的下半部分，见第182—183页）的湖水增大了对冰川的压力，所以，每隔几年湖水就会冲出堤岸，淹没周围地区。

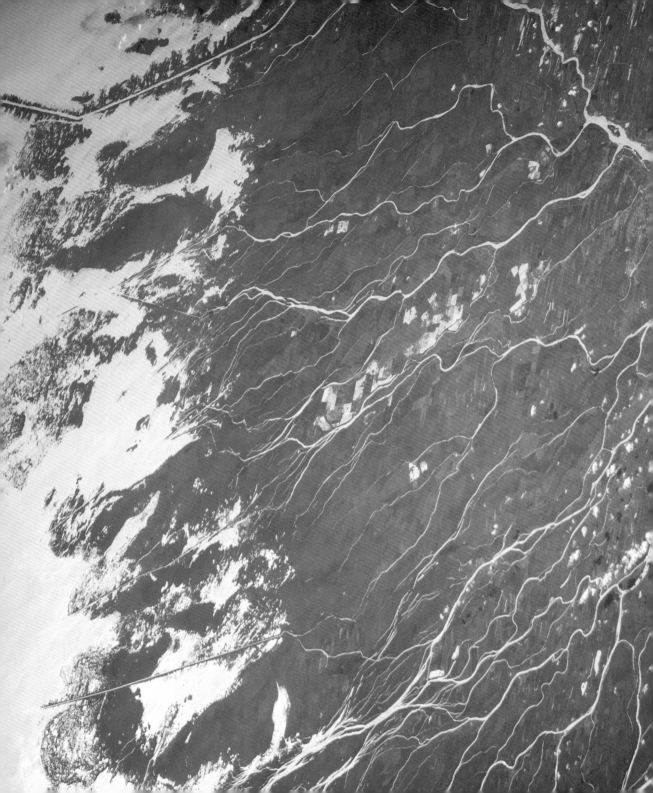

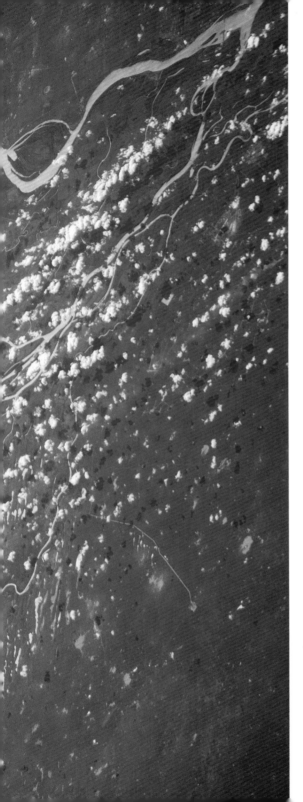

伏尔加河

（俄罗斯）

伏尔加河缓缓地流过俄罗斯的大地，只有一条支流——基加奇河流入哈萨克斯坦。

伏尔加河发源于特维尔州的伏尔加河上游村地区，最终流入里海，是世界上流入内陆海的最长河流。其最重要的支流是奥卡河、苏拉河、韦特卢加河和卡马河。

伏尔加河三角洲是欧洲最大的河流三角洲。它由大约500条支流、河汊和小溪流组成，其中两条支流可通航：阿赫图巴河和巴赫铁米尔河。

近百年来，由于里海水位下降，伏尔加三角洲的滩地面积显著增加。

由于三角洲设立了自然保护区，因此这里的植物群和动物群受到了很好的保护，景观令人惊奇：这里生长着莲花，栖息着火烈鸟、白鹤和鹈鹕。

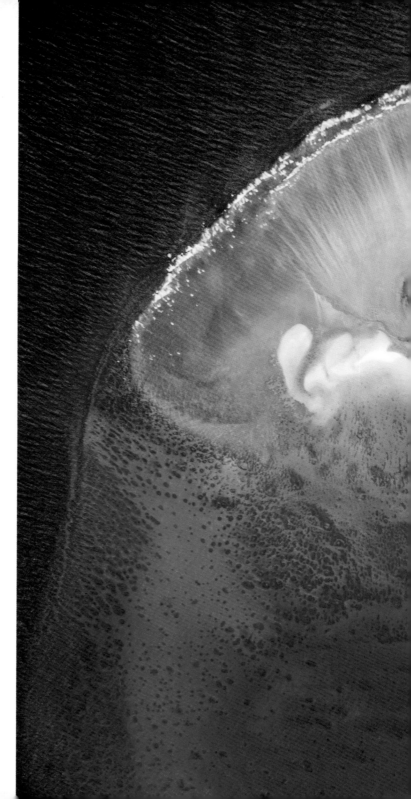

新胡安岛

（印度洋）

　　这座形状酷似礼帽或海蜇的岛屿被称为新胡安岛。它隶属法国，无人居住。岛上仅有一座气象站和少量驻军。

　　岛上部分地区覆盖着木麻黄林。这些常绿树木是桦树和橡树的亲戚，但它们的叶子看起来像长而柔软的针叶。海龟会在这座岛的沙滩上筑窝。

　　曾有几艘船在该岛附近失事。1911年，托特尼姆号船撞上了暗礁。

　　我们可以在这张照片中仔细地观察一下它。

卡拉博加兹戈尔湾

（土库曼斯坦，亚洲）

　　土库曼斯坦西部里海的潟湖海湾被命名为卡拉博加兹戈尔湾，在土库曼语中意为"黑色的峡湖"。在游牧民族和水手看来，这是一片充满毒水的死亡鸿沟。

　　事实上，由于硫酸盐或者说钙芒硝的存在，卡拉博加兹戈尔湾的含盐量非常高。这里是世界上这种矿物的最大矿床。

小叶拉夫诺耶湖

（俄罗斯）

多姆纳亚河和胡赖-图尔敦河的河水注入小叶拉夫诺耶湖中。湖水矿化度高，富含氟、钾和锂。

1675年，哥萨克新土地发现者为了向当地居民征收实物税，在岸边建造了监狱和城堡。现在，坐落在湖岸上的是俄罗斯联邦布里亚特共和国的图尔敦村和希林加村。

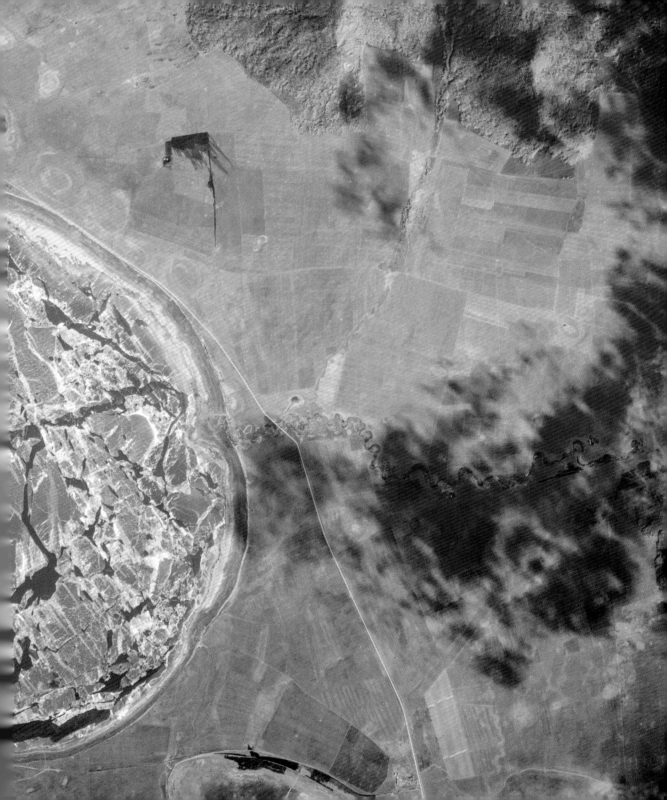

米德尔顿礁

（澳大利亚）

米德尔顿礁的形状像一只欢快的虾，任由塔斯曼海水冲刷。

尽管礁石位于相对较高的纬度，但其表面和相邻水域的动植物种类十分繁多。

涨潮时，大部分珊瑚礁都隐没在水下，只有在退潮时才会显露出来。

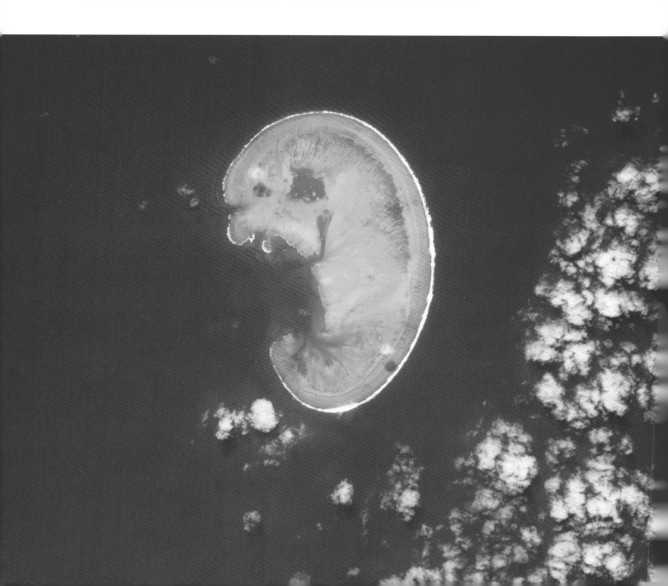

马纳尔岛

（印度洋）

　　马纳尔岛（位于照片的中心）是斯里兰卡西部的一个小岛，其海岸由长达3 000米的桥连接。

　　保克海峡将岛屿与印度分开，但当地居民声称可以沿着所谓的亚当桥（或称《罗摩衍那》史诗中的罗摩桥）徒步走到印度。这座桥实际上是由一些小岛和珊瑚礁组成的像链条一样的小路。退潮时，这里的水深不超过1米。

奥兰治河

（南非，非洲）

　　奥兰治河主要流经南非，其长度在非洲河流中排名第七。

　　这条河发源于莱索托境内的德拉肯斯山脉，下游成为南非与纳米比亚的界河，最终注入大西洋。

　　我们看到，在河流沿岸，发明家齐巴赫（第42页有关于他的介绍）的圆形自转式喷灌装置得到积极应用。可见，齐巴赫改变了世界各地的面貌。

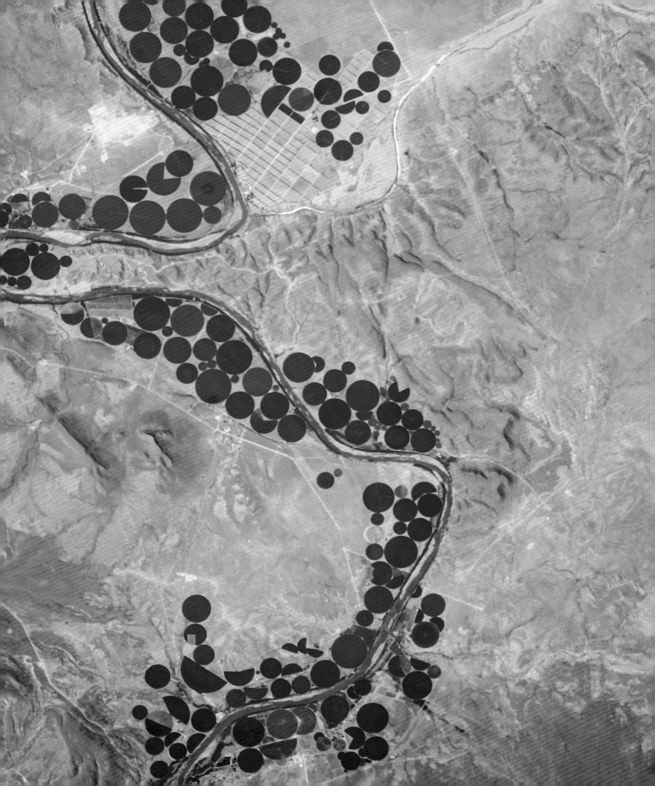

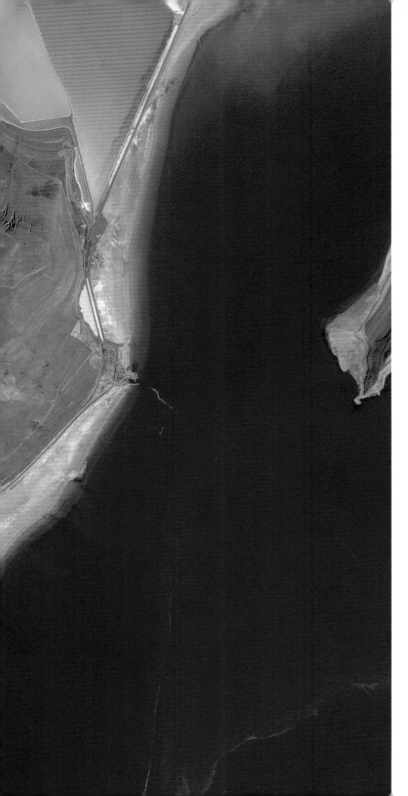

大盐湖

（美国）

　　大盐湖是在一个古老的内陆湖上形成的。尽管有淡水注入，但是，由于水分的大量蒸发，这些盐湖依然是咸的。

　　大盐湖被一座大坝一分为二，沿着这条大坝还铺设有铁路。北部的湖水由于注入的淡水较少，含盐度很高，因此湖水略微呈现粉红的色调。

贝加尔湖

（俄罗斯）

　　贝加尔湖是俄罗斯的一颗明珠，也是我们这个星球上最深的湖泊。它拥有清澈见底的湖水和独特的动植物群，甚至连湖上的冰也十分美丽，不同寻常。

查塔姆群岛

（新西兰，太平洋）

　　查塔姆群岛位于新西兰东南部。有趣的是，这些岛屿有自己的时区和时间，与新西兰标准时间相差45分钟。群岛的主要居民是土著居民莫里奥里人和1835年征服群岛的毛利战士的后裔。查塔姆群岛是乔治·温哥华于1791年在环球考察期间发现的。这位英国旅行家在15岁时参加了詹姆斯·库克的航行。

元素：

莫斯科

（俄罗斯）

　　从太空中看，莫斯科就是
这个样子。莫斯科河像一条弯
弯曲曲的带子横贯首都。在欧
洲各国的首都中，莫斯科堪称
破纪录之城：规模最大，人口
密度最集中。城中有12个行政
区，行政区规模比一般城市略
小，各个行政区内都有很多文
物遗迹、博物馆和名胜古迹。

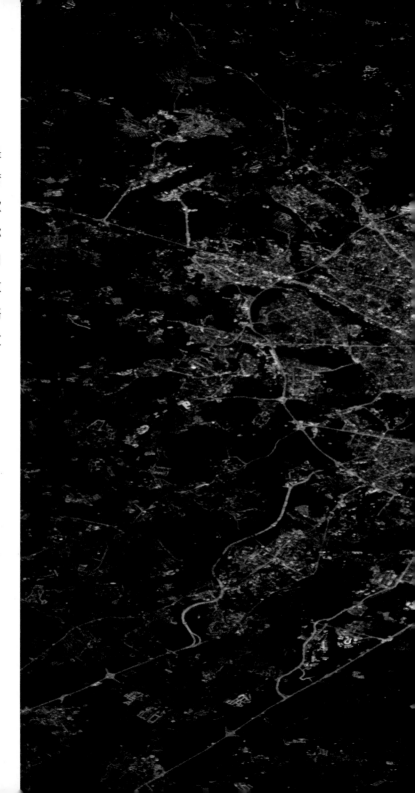

深夜大雷雨

　　深夜雷雨大作是一种令地球人感到恐怖又敬畏的自然现象。我们的星球上空大概每秒钟要发生1 500次大雷雨，100次中等强度的闪电。当然，雷雨的分布很不均衡，大部分发生在陆地上。而海上的雷雨通常仅有陆地上的十分之一。

极光

极光（主要在靠近两个半球的极点可以观察到）被认为是我们这颗星球上最美丽的光线现象。地球的磁层捕获太阳风的带电粒子，然后它们与大气分子发生碰撞，随即就会在大气层中出现放光现象。

在北纬地区，这种现象被称为北极光（Aurora）。这个术语是伽利略于1619年确定的，用以纪念罗马的黎明女神。

极光通常为漫射状的和点状的。前者用肉眼可能难以辨认；后者通常是小的闪光或最亮的天火，会在天空中流溢出奇异的图案。

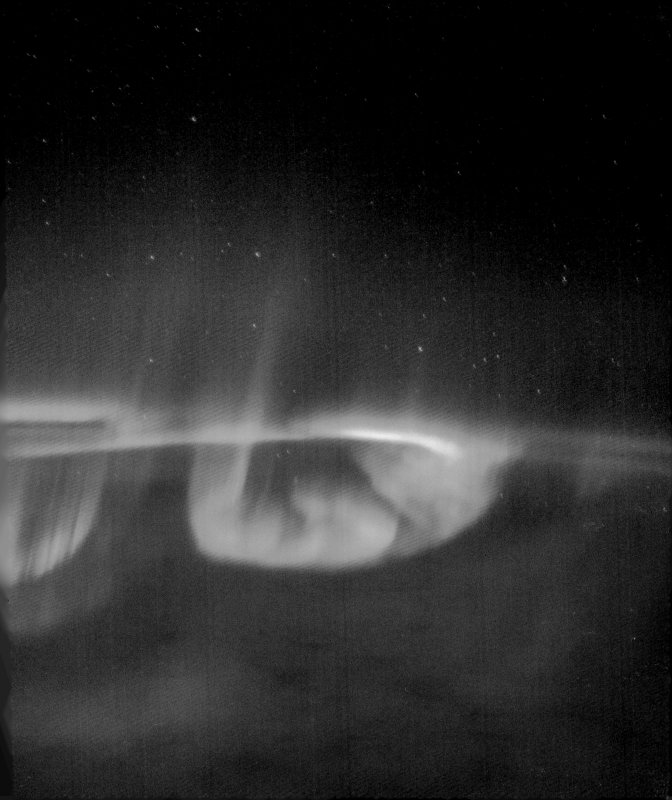

夜幕下的西班牙和葡萄牙

（欧洲）

这是一个非常浪漫的夜景——左边是西班牙的部分领土，包括马德里；右边是葡萄牙的部分领土，包括波尔图和里斯本。

土星在它们的上空闪耀。

埃特纳火山

（西西里岛，意大利，欧洲）

埃特纳火山，一座层状活火山，坐落在西西里岛的东海岸，离墨西拿市和卡塔尼亚市不远，是地球上最著名的火山之一。

目前，埃特纳火山海拔大约3329米，不过这个数据经常随火山喷发而变化。该火山几乎每年都会喷发一次，有时一年会喷发好几次。

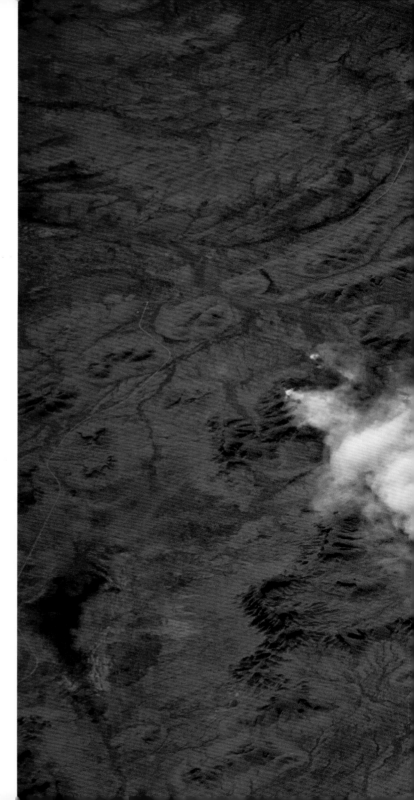

澳大利亚火灾

我们从国际空间站上经常可以看到熊熊烈焰、滚滚浓烟给我们的星球留下的累累伤痕。干燥酷热的第五大洲（大洋洲）尤为严重。

这是发生在澳大利亚一个州的火灾。

维多利亚州于2009年发生的森林大火堪称澳大利亚历史上最严重的火灾：数百人死伤，数十人失踪，城市化为灰烬。

这就是令人毛骨悚然的烟幕背后隐藏的悲剧。

樱岛火山

（日本，亚洲）

　　从空间站看，地球表面基本上是平坦的，只有山脉的褶皱会打破这种单调。更有趣的是观看火山喷发，看那一团团烟云克服重力竭力向上升腾。如果能赶上火山爆发的开始，那可是非同一般的好运。

　　樱岛火山是活跃的层状火山，位于日本九州岛的鹿儿岛县。樱岛的名称是从日语"樱花岛"翻译而来，在1914年之前，它本是一个独立的岛屿，但由于火山爆发，该岛与大隅半岛连接起来。樱岛火山高达1 117米。

科威特

（科威特，亚洲）

科威特首都科威特城，就像一串价值连城的项链佩戴在东方美女那古铜色的脖颈上。该城市自17世纪建城以来，不止一次遭到外国侵略者入侵，沦为奥斯曼帝国和不列颠帝国的一部分。

虽然科威特在1961年获得了独立，但是，它并没有得到安宁。20世纪90年代，拥有丰富石油资源的科威特成为伊拉克觊觎的目标，又短暂地丧失了一段时间来之不易的独立。因此，只有从空间站向下看，这条奢华项链的主人才显得如此平静。

黎明

　　太阳从地球的地平线上一跃而起，照亮了大气层的上层，却无法穿透厚积的云层。蓝色空气在更高和更远的地方奔涌而出，直到与黑色海洋融为一体。

　　国际空间站的"居民"每天要迎接16次黎明。

展现
自然之美
解密地球奇迹

[建议配合二维码一起使用本书]

扫描二维码

加入本书交流群

您好，读者！

本书配有读者交流群，群内配有丰富的读书活动和资源服务，您可以根据喜好选择并加入社群，找到志同道合的书友，通过回复关键词获取优质的阅读资源、参与精彩的读书活动，享受卓越的阅读体验。

扫码入群

❶ 微信扫描二维码；

❷ 根据提示加入交流群；

❸ 群内回复关键词获取阅读资源和应用服务。

资源服务

PDF ● 入群回复【PDF】，即可获得本书部分配套电子资源！

音频 ● 入群回复【音频】，边听边了解地球的奥秘！